国家示范性高等职业院校建设规划教材

计算机网络工程实训教程

主　编　王　伟
副主编　李文文　朱　俊
　　　　余　强　李翠梅
主　审　丁亚明

黄河水利出版社
·郑州·

内 容 提 要

本书是国家示范性高等职业院校建设规划教材，是用安徽省财政安排的“支持高等职业学校提升专业服务产业发展能力”项目经费组织编写的。本书根据教育部国家示范性高等职业院校建设计划电子信息类专业群人才培养方案要求，按照计算机网络技术应用型人才培养标准编写完成的。本书共分5章，从网络工程建设与应用的角度分别介绍了网络物理平台搭建与综合布线系统建设，网络操作系统的安装与各类应用服务器的配置与管理，常用网络设备的安装、配置与管理，网络应用软件的安装、配置与应用，网络系统维护与管理应用等。

本书可作为高等职业学校、高等专科学校及各类成人高校计算机类相关专业的实训教材，也可作为网络工程技术人员的参考书或对网络技术感兴趣人士的自学教材。

图书在版编目(CIP)数据

计算机网络工程实训教程/王伟主编．—郑州：黄河水利出版社，2014.8

国家示范性高等职业院校建设规划教材

ISBN 978-7-5509-0855-0

Ⅰ.①计… Ⅱ.①王… Ⅲ.①计算机网络-高等职业教育-教材 Ⅳ.①TP393

中国版本图书馆CIP数据核字(2014)第169477号

组稿编辑：王路平　电话：0371-66022212　E-mail：hhslwlp@163.com

出 版 社：黄河水利出版社

地址：河南省郑州市顺河路黄委会综合楼14层　邮政编码：450003

发行单位：黄河水利出版社

发行部电话：0371-66026940、66020550、66028024、66022620(传真)

E-mail：hhslcbs@126.com

承印单位：河南地质彩色印刷厂

开本：787 mm×1 092 mm　1/16

印张：12.5

字数：290千字　印数：1—2 100

版次：2014年8月第1版　印次：2014年8月第1次印刷

定价：28.00元

前 言

本书是根据《教育部关于全面提高高等职业教育教学质量的若干意见》(教高〔2006〕16号)、《教育部关于推进高等职业教育改革创新引领职业教育科学发展的若干意见》(教职成〔2011〕12号)等文件精神,用安徽省财政安排的“支持高等职业学校提升专业服务产业发展能力”项目经费组织编写的教材。

本套教材以学生能力培养为主线,着重基本概念和基本原理的阐述,注重理论知识的应用,注重加强学生工程技术能力的训练,突出应用能力和创新能力的培养,体现出实用性、实践性、创新性的教材特色,是一套紧密联系工程实际、教学面向生产的高职高专教育精品规划教材。

21世纪已进入计算机网络时代。随着计算机网络极大普及,计算机应用已进入更高层次,计算机网络成了计算机行业的一部分。随着通信和计算机技术紧密结合和同步发展,我国计算机网络技术飞跃发展。为了满足社会对计算机网络工程技术应用人才的培养需求,实现高职高专人才培养目标,提高学生的实践和创新能力,编者在多年教学实践的基础上结合最新教学成果编写了该书。

本书共分5章,从计算机网络工程建设与计算机网络应用的角度分别介绍了网络物理平台搭建与综合布线系统建设,网络操作系统的安装与各类应用服务器的配置与管理,常用网络设备的安装配置与管理,网络应用软件的安装、配置与应用,网络系统维护与管理应用等。

本书在注重理论知识的同时,力求加强针对性和实用性,突出理论联系实际,具有言简意赅、图文并茂、重点突出、实例紧贴实际、重视先进技术等特点。本书内容丰富,实用性强,以计算机网络工程项目建设为背景,取材新颖、实用。本书配有大量的操作应用图例,学生易学、易懂。为了加强学生的实际应用技能的培养,本书注重强调计算机网络工程建设的内容与形式、网络系统集成、网络设备安装与配置及计算机网络的应用等。每章均有一系列实训项目,指导学习者的实训,提高学习者的专业与职业技能。

本书由安徽水利水电职业技术学院承担编写工作,编写人员及编写分工如下:王伟编写第1章,李文文编写第2章,朱俊编写第3章,余强编写第4章,李翠梅编写第5章。本书由王伟担任主编并负责全书统稿;由李文文、朱俊、余强、李翠梅担任副主编;由丁亚明教授担任主审。

借此，向对本书给予帮助的同仁表示衷心感谢！

由于编者水平有限，书中难免有疏漏和错误之处，恳请广大读者批评指正。

编　者

2014 年 4 月

目 录

第1章 网络平台建设

建设各类实际应用的计算机网络，第一阶段的工作就是建立计算机网络的物理平台。

在这一阶段，首先要对用户的需求进行分析，再在此基础上对要组建的网络进行规划与设计，根据设计要求，编写综合布线文档，并进行综合布线的施工，施工完成后，对综合布线进行测试和验收。

本章通过三类常用局域网建设，展现了计算机网络的物理平台的搭建过程，从而通过实训掌握计算机网络组网的相关技术。

1.1 组建办公局域网

机关办公局域网是实现机关内部各级部门之间以及机关内外部之间办公信息的收集与处理、流动与共享，实现科学决策的具有战略意义的信息平台。

1.1.1 实训概述

机关办公局域网建设的总体目标是："以先进成熟的计算机和通信技术为主要手段，建成一个覆盖政府办公部门的办公信息系统，提供政府与其他专用计算机网络之间的信息交换，建立高质量、高效率的政府信息网络，为领导决策和机关办公提供服务，实现机关办公现代化、信息资源化、传输网络化和决策科学化。"

1.1.1.1 办公局域网的功能

(1)连接办公大楼内所有 PC。

(2)通过权限设定用户浏览 Internet，同时接收、查询、浏览国内外的资讯和电子邮件。

(3)提供丰富的网络服务，实现广泛的软件、硬件资源共享，包括提供基本的 Internet 网络服务功能，如电子邮件、文件传输、远程登录、新闻组讨论、电子公告牌、域名服务等。

(4)实现系统各个管理机构的办公自动化。

管理机构的办公自动化系统应包括的功能有系统管理、决策查询、事务管理、财务管理等。

1.1.1.2 主机/服务器系统的要求

通常，对于办公局域网的主机/服务器系统的要求如下：

(1)主机系统应采用国际上较新的主流技术，并具有良好的向后扩展能力。

(2)主机系统应具有高的可靠性，能长时间连续工作，并有容错措施。

(3)支持通用数据库，如 SQL Server、Oracle 等。

(4)具有广泛的软件支持，软件兼容性好，并支持多种传输协议。

(5)能与 Internet 互连，可提供互联网的应用，如 WWW 浏览服务、FTP 文件传输服务、E-mail 电子邮件服务、News 新闻组讨论等服务。

1.1.1.3 网络系统设计方案

对于网络系统设计方案的要求如下：

(1)应采用成熟的技术,并尽可能采用先进的技术。

(2)采用国际统一标准,以拥有广泛的支持厂商,最大限度地采用同一厂家的产品。

(3)应合理分配带宽,使用户不受网上“塞车”的影响。

(4)应充分考虑未来可能的应用,如桌面将承受大型应用软件和多媒体传输需求的压力。

(5)要具有高扩展性,能为未来用户数目的扩展提供具有调整、扩充的手段和方法。

1.1.1.4 网络系统的设计原则

网络系统的设计原则包括：

(1)对网络设备的要求:具有高可靠性、高可用性、可管理性,采用国际统一的标准。

(2)系统集成的设计原则:采用分布式的结构、高的带宽、集群解决方案及先进的开发工具与大型数据库,追求最高的性能价格比。

1.1.2 实训过程

1.1.2.1 实训目的

(1)理解计算机网络的组成、TCP/IP 协议的作用;

(2)理解网络传输介质的作用与分类,掌握制作网线的方法;

(3)熟悉常用网络命令的使用。

1.1.2.2 实训内容

(1)制作五类/超五类/六类 UTP 直通线和交叉线;

(2)搭建实训网络环境;

(3)熟悉常用网络命令的使用。

1.1.2.3 实训设备

五类/超五类/六类 UTP,网卡,交换机,计算机,路由器。

1.1.2.4 实训步骤

1. 网线制作

(1)用剥线钳剥除双绞线外皮(注意:不要太用力,使里面的 8 条双绞线的铜芯都露出来)。

(2)将裸露的双绞线中的橙色对线拨向自己的前方,棕色对线拨向自己的方向,绿色对线剥向左方,蓝色对线剥向右方。

(3)将绿色对线与蓝色对线放在中间位置,而橙色对线与棕色对线保持不动,即放在靠外的位置。左一:橙,左二:绿,左三:蓝,左四:棕。

(4)小心地分离每一对线,遵循 EIA/TIA 568 标准来制作接头。需要特别注意的是,绿色条线应该跨越蓝色对线。这里最容易犯错的地方就是将白绿线与绿线相邻放在一起,这样会造成串扰,使传输效率降低。

左起:白橙→橙→白绿→蓝→白蓝→绿→白棕→棕。常见的错误接法是将绿线放到第4只脚的位置。

(5)将裸露出的双绞线用剪刀或斜口钳剪得只剩约14 mm的长度,之所以留下这个长度,是为了符合EIA/TIA 568标准。最后再将双绞线的每一根线依序放入RJ-45接头的引脚内,第一只引脚内应该放白橙色的线,其余类推。

(6)确定双绞线的每根线已经正确放置之后,用RJ-45压线钳压接RJ-45接头,见图1-1。

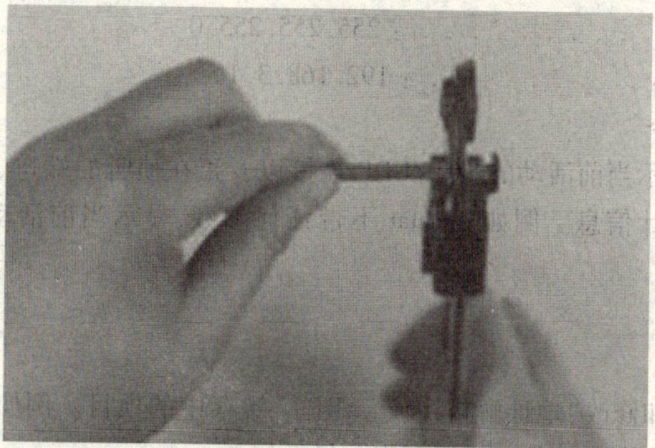

图1-1 UTP的压接

(7)制作另一端的RJ-45接头。

2. 网线连通性测试

(1)交叉线的测试:使用电缆测试仪测试已经做好的网线,然后检查主模块与另一模块的8个指示灯是否按1—3、2—6、3—1、4—4、5—5、6—2、7—7、8—8顺序轮流发光,来判断所做的网线是否合格。

(2)直通线的测试:检查主模块与另一模块的8个指示灯是否按1—1、2—2、3—3、4—4、5—5、6—6、7—7、8—8顺序轮流发光。

3. 网络协议配置

(1)安装“NetBEUI Protocol”协议;

(2)安装“Internet协议(TCP/IP)”协议;

(3)进行静态IP环境配置。

4. 网络命令使用

(1)ping命令

这是用来测试两台主机(具有IP地址的设备)是否物理连通的命令。ping命令的常用格式有:

ping + 空格 + IP地址 + 回车;

ping + 空格 + <域名>。

(2)ipconfig命令

这是一条显示当前的TCP/IP参数值、刷新动态分配的IP地址和域名系统(DNS)设置值的命令。例如,ipconfig命令,显示本地主机所有网卡的IP地址、子网掩码、网关地址。显示如下：

C：\ > ipconfig

Windows IP Configuration

Ethernet adapter 本地连接：

Connection – specific DNS Suffix：

IP Address. . . . . ：192.168.3.12

Subnet Mask . . . . ：255.255.255.0

Default Gateway . . . . ：192.168.3.1

(3)netstat 命令

netstat 命令显示当前活动的 TCP/UDP 连接以及正在侦听的端口、以太网统计信息、IP 路由表、IPv4 统计信息。例如，netstat 不带任何参数，显示当前活动的 TCP/IP 连接。显示如下：

C：\ > netstat

(4)arp 命令

arp 命令显示和修改"地址解析协议(ARP)"缓存中的项目。例如，最常用的命令是 arp – a，显示本机所有接口的 ARP 缓存表。显示如下：

C：\ > arp – a

Interface：192.168.7.10 – – – 0x10003

Internet Address	Physical Address	Type
192.168.7.1	00 – 0a – 8b – eb – ef – fc	dynamic
192.168.7.100	00 – 0d – 87 – 32 – 03 – 7e	dynamic

"192.168.7.1　00 – 0a – 8b – eb – ef – fc　dynamic"表示 IP 地址为 192.168.7.1 的端口对应的 MAC 地址为 00 – 0a – 8b – eb – ef – fc，dynamic 表示该条目是动态学习到的。

1.1.3　实训过程与实训报告

(1)根据办公局域网的建设需求，熟悉网络建设内容。

(2)完成五类/超五类/六类 UTP 的制作与测试。

(3)填写实训报告表(格式见附录三)，将相关文档附在后面。

1.2　网络规划与设计

1.2.1　实训概述

1.2.1.1　实训目的

(1)理解用户对网络的需求。

(2)掌握网络规划与设计的步骤与方法。

(3)掌握网络规划与设计文档的编写。

1.2.1.2 实训内容

(1)对用户网络需求的论证。

(2)编写网络规划文档。

(3)编写网络设计文档。

1.2.1.3 实训理论要求

(1)理解网络拓扑结构。

(2)理解相关的组网技术。

(3)理解综合布线理论。

1.2.2 网络规划

网络规划就是为即将建设的网络系统提出一套完整的设想或方案,包括对需求分析进行技术性论证、网络的分布、网络的基本规模、网络的基本设备和类型、网络的基本功能和服务项目、网络系统的难点和关键性问题、投资预算和网络技术文档的规范编写等内容。

1.2.2.1 需求分析的技术性论证

对需求分析进行技术性论证分两种情况:

(1)用户的需求提得非常详细和充分时,那么只要逐条论证,并给出明确的技术实施的保证。

(2)用户的需求提得不详细或不充分时,那么只能与用户加强沟通,帮助用户明确需求,达成共识,再逐条论证,并给出明确的技术实施的保证。

1.2.2.2 网络的分布

网络的分布包括网络的用户数、网络用户的地理位置、用户间的距离、用户的关系分类、区域内建网的要求和限制等。

1.2.2.3 网络的基本规模

网络的基本规模就是从需求的角度出发考虑建网的大小。

1.2.2.4 网络的基本设备和类型

网络的基本设备和类型包括:

(1)用户需要工作站和服务器的计算机数量、类型及其基本配置(包括现有的和需购置的)。

(2)网络共享设备的数量和类型。

(3)网络连接和互连设备的数量和类型。

(4)网络的其他设备。

1.2.2.5 网络的基本功能和服务项目

网络的基本功能和服务项目的内容有数据库系统、应用软件系统、网管和计费系统、设备间的逻辑连接、文件管理系统、电子邮件系统、网络的互连系统、防火墙系统等。

1.2.2.6 网络系统的难点和关键性问题

这部分主要考虑网络设备的匹配、网络拓扑结构的合理性、线路的连接、网络操作系统的合理选择等问题。

1.2.2.7 投资预算

投资预算应包括设备的购置费用、工程施工费用、网络的安装调试费用、软件的购置或开发费用、培训费用、网络的运行和维护费用、售后服务费用等。

1.2.2.8 网络技术文档的规范编写

将1.2.2.1～1.2.2.7所述的7项内容,按简明扼要、全面准确的要求,编制网络规划方案。

1.2.3 网络规划设计

网络规划设计是对网络规划提出的设想或方案,给出具体的指标和实现方法,包括网络的拓扑结构的设计、组网方案的确定、网络的软硬件设施的选定、网络的综合布线的设计、主要数据库系统的选择以及编写设计说明书等内容。网络的设计可按如下步骤进行。

1.2.3.1 网络的拓扑结构的设计

网络的拓扑结构的设计应从主干网和子网两方面考虑:

(1)主干网是网络的主干线,涉及通信线路的容量和流量的分配,对网络的建设起决定性的作用,设计时主要考虑可靠性、吞吐量、时延和网络费用等问题。

(2)子网在设计时则主要考虑交换机/集线器的选址、用户的场地分配和终端的布局等问题。另外,网络的拓扑结构的设计还须考虑经济性、灵活性和可靠性的要求。

1.2.3.2 组网方案的确定

组网方案的确定就是选择网络所遵循的标准或适当的组网技术,主要从两方面考虑:一是选用的标准或技术成熟,商品化和兼容性好;二是要符合近期的需要并兼顾长远的发展。

1.2.3.3 网络的软硬件设施的选定

1. 服务器的选择

应考虑的因素:CPU的性能、存储器的容量、高速的传输总线、高效的磁盘接口、系统的容错功能以及数据的备份等。

2. 网络操作系统的选择

应考虑的因素:网络的性能、网络的管理、网络的安全性、网络的可靠性和灵活性、网络的成本,以及网络的实现等因素。

3. 网络互连设备的选择

既要考虑产品的先进性,又要考虑实际情况,应避免先进设备无法发挥优势的情况发生。选择路由器和交换机或集线器时,需考虑设备的端口类型、数量、支持的协议、传输率、时延、背板的带宽等技术指标。

1.2.3.4 网络的综合布线的设计

网络综合布线的设计要点为:

(1)尽量满足用户的通信要求。

(2)了解建筑物、楼宇的通信环境。

(3)确定合适的通信网络拓扑结构。

(4)管理间、设备间要考虑防静电和防雷击。

(5)选取适用的传输介质。

(6)以开放式为基准,尽量与大多数厂家的产品兼容。

1.2.3.5 网络的综合布线设计的内容

(1)工作区子系统设计。

(2)水平子系统设计。

(3)垂直子系统设计。

(4)管理间子系统设计。

(5)设备间子系统设计。

(6)建筑群子系统设计。

(7)综合布线总体方案设计。

1.2.3.6 主要数据库系统的选择

选择主要数据库时要考虑其最大容量、性能和价格,应由网络和信息管理人员共同商定。

1.2.3.7 编写设计说明书

在有关各方就上述6项内容达成共识的条件下,编写网络设计说明书,说明书应详细说明所采用的网络结构、关键设备的依据。

1.2.4 实训过程与实训报告

(1)根据案例的用户需求,按要求编写网络规划方案。

(2)根据案例的用户需求和网络规划方案,编写网络设计说明书。

(3)写出实训报告(格式见附录三),将相关文档附在后面。

1.3 综合布线系统设计与施工

现代科技的进步使计算机及网络技术飞速发展,计算机及网络通信技术的应用已经成为企业成功的一个关键因素。

计算机及通信网络均依赖布线系统作为网络连接的物理基础和信息传输的通道。传统的基于特定的单一应用的专用布线技术因缺乏灵活性和发展性,已不能适应现代企业网络应用飞速发展的需要。而新一代的结构化布线系统能同时提供用户所需的数据、话音、传真、视像等各种信息服务的线路连接,它使话音和数据通信设备、交换机设备、信息管理系统及设备控制系统、安全系统彼此相连,也使这些设备与外部通信网络相连接。

1.3.1 综合布线系统设计

本实训项目要求掌握综合布线系统设计的原则,并能遵循系统设计的基本步骤完成系统设计。

1.3.1.1 实训概述

1. 实训目的

(1)了解综合布线系统工程设计方案的概念;

(2)掌握综合布线系统工程设计方案的基本要求;

(3)熟悉综合布线系统工程设计方案的编写内容。

2. 实训环境

Visio 2010,Word 2007,个人计算机。

3. 实训内容

(1)综合布线工程需求分析;

(2)综合布线工程系统结构;

(3)工程售后质保。

4. 实训原理

综合布线系统技术方案包括综合布线系统工程概述、布线系统工程方案设计、性能指标和测试、质量保证及服务、附件等部分。方案详细描述了该综合布线系统的总体结构和各子系统的设计细节,包括布线系统的需求分析、布线路由、器件选型、材料清单和系统检测等。服务中论述了工程的品质保证和所要提供的培训及工程文档等服务。附件中包括了乙方资格证明文件的复印件、相关产品的性能材料和甲方的项目参与人简历等。

1.3.1.2　实训过程

1. 工程概述

本工程位于某个大学校区,建筑结构为框架结构,共有 10 幢 6 层的教学楼和 1 幢 6 层的办公楼,总建筑面积为 65 000 m^2。实现的是六类数据系统到桌面,千兆光纤为主干的高速数据应用和提供到位的语音布线服务。在每栋教学楼的三层设立分配线间,在办公楼的三层设立主配线间,在教学楼和办公楼之间通过 6 芯室外多模光缆相连。各楼主干使用 6 芯室内多模光缆。

2. 工程设计

大厦综合布线系统涉及整个大楼,共 11 幢 6 层,数据主干传输采用 6 芯室外多模光缆,水平系统为二级,它的星形结构中心在各栋楼层电信间内,水平配线至各信息口。水平布线采用六类非屏蔽四对双绞线,工作区水平线缆采用 KGB 管,沿吊顶、地板、墙体敷设。具体细节参见各层图纸。系统包括信息点数 1 950 个、语音点数 1 950 个。

水平布线插座部分一般距地面 30 cm 摆放,最终通过水平垂直段线槽(管)、走廊主线槽等汇至相邻的 FD。基本的水平布线走线方式有暗敷和明设两种,见图 1-2。

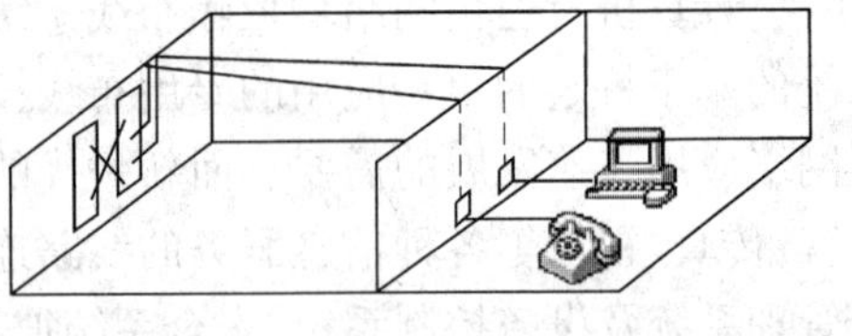

图 1-2　水平布线子系统示意图

本工程水平布线路由可详见深化设计后的布线施工平面图,其中详细标明了水平管槽的铺设方式、走向及尺寸,见图 1-3。一般地,水平电缆自插座(距地面通常为 30 cm)走墙内预埋管,至吊顶出房间汇至走廊水平线槽,最后至楼层配线间。走廊的吊顶上应安装有金属线槽,进入房间时,从线槽引出金属管,以埋入方式沿墙壁而下(或上)到各个信息点。

RJ－45 埋入式信息插座与其旁边电源插座应保持 20 cm 的距离,信息插座和电源插座的低边沿线距地板水平面 30 cm。

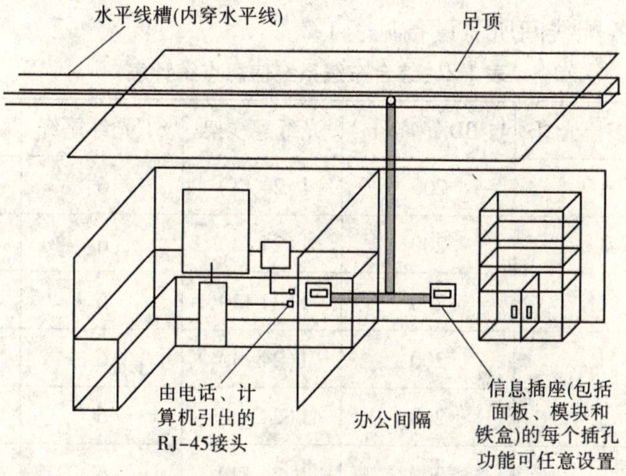

图1-3 水平布线路由图

3. 信息点设计

根据招标文件有关信息点设置的要求,同时结合平面图纸的具体点位,将信息点统计如下,见表1-1。

表1-1 综合布线系统信息点统计表

楼号	配线间	位置	双孔面板	语音点	数据点	合计
1号楼	1-FD03	三楼弱电间	175	175	175	350
2号楼	2-FD03	三楼弱电间	175	175	175	350
3号楼	3-FD03	三楼弱电间	175	175	175	350
4号楼	4-FD03	三楼弱电间	175	175	175	350
5号楼	5-FD03	三楼弱电间	175	175	175	350
6号楼	6-FD03	三楼弱电间	175	175	175	350
7号楼	7-FD03	三楼弱电间	175	175	175	350
8号楼	8-FD03	三楼弱电间	175	175	175	350
9号楼	9-FD03	三楼弱电间	175	175	175	350
10号楼	10-FD03	三楼弱电间	175	175	175	350
办公楼	BD03	三楼弱电间	200	200	200	400
合计			1 950	1 950	1 950	3 900

4. 配线间设计

本布线系统设计使用楼内主干容量为千兆6芯多模光纤,设计语音/数据信息点总计为3 900个,共有30个楼层配线间(FD)、1个主配线间(BD)。在电信间,配线架器件安装在落地式的网络机柜中，机柜置于高架地板上，到配线架来的电缆应通过线槽吊顶从上方进入网络机柜。各配线间所需设备见表 1-2。

表 1-2　综合布线系统信息点统计表

配线间设置	6 芯多模光纤	与 BD 距离(m)	光纤配线架	ST 光纤尾纤	ST 耦合器	跳线
1 - FD03	1	200	1(24 口)	6	6	1
2 - FD03	1	200	1(24 口)	6	6	1
3 - FD03	1	200	1(24 口)	6	6	1
4 - FD03	1	200	1(24 口)	6	6	1
5 - FD03	1	200	1(24 口)	6	6	1
6 - FD03	1	300	1(24 口)	6	6	1
7 - FD03	1	300	1(24 口)	6	6	1
8 - FD03	1	300	1(24 口)	6	6	1
9 - FD03	1	300	1(24 口)	6	6	1
10 - FD03	1	300	1(24 口)	6	6	1
BD03	0	0	3(24 口)	60	60	10
合计		2 500	13	120	120	20

根据 GB 50311—2007 的规定，应对设备间、电信间、进线间和工作区的配线设备、缆线、信息插座模块等设施按一定的模式进行标志和记录。综合布线系统工程宜采用计算机进行文档记录与保存。

5. 系统测试

1) 线路测试

采用专用的 6 类电缆测试仪对标准所规定的布线系统的各项技术指标进行测试，包括所有信息点的接线图、长度、串扰、衰减量等指标。

2) 联机测试

选取若干个工作站，进行实际的联网测试。采用 TIA/EIA 所规定的 CAT6 指标或 GB 和 ISO 11801 CLASS E 指标，并且选用三级精度的测试专用仪器。

指标包括插入损耗(IL)、近端串音、衰减串音比(ACR)、等电平远端串音(ELFEXT)、近端串音功率和(PSNEXT)、衰减串音比功率和(PSACR)、等电平远端串音功率和(PSELEFXT)、回波损耗(RL)、时延、时延偏差。

采用 Fluke 公司的双绞线测试仪来测试双绞线线路。用 Fluke DSP 测试仪、Fluke FTK 光纤测试工具包来测试光纤线路。

6. 设备清单

总清单详细列出了本工程设计所有器件的名称、型号、数量、单价等，共分插座、线缆、配线架、光纤、工具五部分,这是设计器件的最终汇总结果,但不含工程有关的施工和管理等费用,见表1-3。

表1-3 系统设计器件总清单

序号	器件名称	产品型号	数量	单位	单价	合计
	面板及模块					
1	双孔86面板	8NOR8602A1	1 950	个		
2	6类模块	NORMCAT6A1	3 950	个		
	电缆					
3	6类电缆	NOR1081004	703	箱		
4	6类数据跳线	NORDC6	1 950	条		
	配线架及附件					
5	6类24口配线架	NORPS6M-24A	167	台		
6	1U理线器	NORPS110D	167	台		
	多模光纤					
7	6芯室外多模光纤	NFC1206	2 500	m		
8	多模ST尾纤	NFN21	120	个		
9	多模ST耦合器	NFM121	120	个		
10	机架式光纤配线架	NFPA24	13	台		
11	多模ST-SC双芯跳线	NFA2123	20	条		
	其他装置					
12	铜缆工具	NORTL302	1	把		
13	单对打线工具	NORTL501	1	把		
14	五对打线工具	NORTL505	1	把		
15	网络机柜	MCA42-66	11	台		
	合计					

7.质保及服务

提供一年保证。除人为因素(机械损伤及不可抗力的自然灾害)外,在工程完工后一年内,乙方将免费提供工程维修。培训地点:甲方现场。培训时间:一周。培训人员:甲方计算机及网络维护人员。培训内容:布线系统概念,布线系统的结构、器件、设备、工具使用及文档讲解。

在竣工时提供如下文档:

(1)线路测试报告:由电缆测试仪生成的测试报告整理出来的。

(2)布线系统管理文档:描述交付的布线系统的结构、所有配线架的电缆标号图。

(3)布线系统竣工平面图:描述综合布线系统最终的线槽路线及信息点最终的分布状态、编号。

(4)布线系统用户手册:讲解布线系统器件、工具、管理维护方法和故障诊断方法。

1.3.2 综合布线系统施工

综合布线工程通常又叫网络工程。从工程实施的角度,可以划分为网络布线工程、集团电话工程、光缆施工、有线电视施工。建筑物综合布线系统的兴起与发展,是在计算机技术和通信技术发展的基础上进一步适应社会信息化和经济国际化的需要,也是办公自动化进一步发展的结果。它也是建筑技术与信息技术相结合的产物,是计算机网络工程的基础。

1.3.2.1 实训概述

1. 实训目的

(1)了解综合布线系统的组成及各子系统的施工要求;

(2)了解综合布线系统施工前的准备要求;

(3)掌握水平布线、工作区子系统的施工技术;

(4)熟悉干线子系统、建筑群子系统的施工方法。

2. 综合布线工程施工规范

(1)建筑与建筑群综合布线系统工程施工及验收规范;

(2)本地网通信线路工程验收规范;

(3)通信管道工程施工及验收技术规范;

(4)电信网光纤数字传输系统工程施工及验收暂行技术规定;

(5)市内通信全塑电缆线路工程施工及验收技术规范。

3. 施工前的准备

1)施工前的环境条件和施工准备

(1)熟悉掌握和全面了解设计文件和图纸;

(2)现场调查工程环境的施工条件;

(3)编制安装施工进度顺序和施工组织计划。

2)设备、器材、仪表和工具的检验

(1)缆线的检验;

(2)配线接续设备的检验;

(3)接插部件的检验;

(4)型材、管材和铁件的检验。

1.3.2.2 实训过程

1. RJ-45 信息模块(见图 1-4)的压接与信息插座的安装

1)信息插座的安装要求

(1)地面安装:要有盖板,接线盒盖可开启,并能严密防水、防尘;

(2)墙面安装:宜高出地面 300 mm。

2)信息模块的端接要求

屏蔽双绞电缆的屏蔽层与连接硬件端接处屏蔽罩必须保持良好接触。线缆屏蔽层应与连接硬件屏蔽罩360°圆周接触,接触长度不小于10 mm。

图1-4　RJ-45信息模块

3)4对双绞电缆连接到信息插座的操作步骤

(1)将信息插座上的螺钉拧开,然后将端接夹拉出。

(2)从底盒中将双绞线拉出约20 cm。

(3)用扁口钳从双绞线上剥除10 cm的外护套。

(4)将导线穿过信息插座底部的孔。

(5)将导线压到合适的槽中。

(6)使用扁口钳将导线的末端割断。

(7)将端接夹放回并用拇指稳稳压下。

(8)重新组装信息插座,将分开的盖和底座扣在一起,再将连接螺钉拧上。

(9)用螺钉将组装好的信息插座拧到接线盒上。

4)双绞线与RJ-45信息模块的压接(见表1-4)

表1-4　RJ-45信息模块色标

绿白	橙白	蓝白	棕白		橙白	绿白	蓝白	棕白
绿	蓝	橙	棕		橙	蓝	绿	棕
T568A					T568B			

操作步骤如下:

(1)将双绞线从布线底盒中拉出,并剪至合适的长度。

(2)用剥线钳剥除双绞线的绝缘层包皮2~3 cm。

(3)将信息模块置入掌上防护装置中。

(4)分开4个线对,但线对之间不要拆开,按照信息模块上所指示的线序,稍稍用力将导线一一置入相应的线槽内。

(5)将打线工具的刀口对准信息模块上的线槽和导线,带刀刃的一侧向外,垂直向下用力,听到"喀"的一声,模块外多余的线被剪断。重复该操作,将8条导线一一打入相应颜色的线槽中。如果多余的线不能被剪断,可调节打线工具上的旋钮,调整冲击压力。

(6)将塑料防尘片沿缺口穿入双绞线,并固定于信息模块上,双手压紧防尘片,模块端接完成。

(7)将信息面板的外扣盖取下,将信息模块对准信息面板上的槽扣轻轻压入,再将信息面板用螺钉固定在信息插座的底盒上,最后将外扣盖扣上。

2. RJ-45配线架的端接与安装

1)实训目的

(1)认识RJ-45配线架的结构、色标和线序排列方法。

(2)认识多对模块打线器,掌握其正确的操作方式。

(3)掌握RJ-45配线架的安装方法,培养对RJ-45配线架的正确端接能力和安装技能。

2)实训器材

RJ－45多对模块,RJ－45配线架(见图1-5),多对模块打线器10把,UTP线缆20 m,剥线钳20把,软跳线20条。

图1-5　RJ－45配线架

3)实训内容

(1)通过不同产品的介绍,认识各种RJ－45配线架,观察色标,按照标准进行排线。

(2)认识多对模块打线器的结构,使用多对模块打线器进行RJ－45配线架的安装。

4)配线架的端接

(1)在配线架上安装理线器,用于支撑和理顺过多的电缆。

(2)利用压线钳将线缆剪至合适的长度。

(3)利用剥线钳剥除双绞线的绝缘层包皮。

(4)依据所执行的标准和配线架的类型,将双绞线的4个线对按照正确的颜色顺序一一分开。注意,千万不要将线对拆开。

(5)根据配线架上所指示的颜色,将导线一一置入线槽,直至将4个线对全部置入线槽。

(6)利用多对模块打线器进行打线,端接配线架与双绞线。

(7)重复第(2)步至第(6)步的操作,端接其他双绞线。

(8)将线缆理顺,并利用尼龙扎带将双绞线与理线器固定在一起。

(9)利用尖嘴钳整理扎带,配线架端接完成。

3.网络机柜和设备安装

网络机柜,用来组合安装面板、插件、插箱、电子元件、器件和机械零件与部件,使其构成一个整体的安装箱。根据目前的类型来看,有服务器机柜、壁挂式机柜、网络机柜、标准机柜、智能防护型室外机柜等。容量值在2U到42U之间。

网络机柜主要是存放路由器、交换机、配线架等网络设备及配件,深度一般小于800 mm,宽度为600 mm或800 mm,前门一般为透明钢化玻璃门,对散热及环境要求不高。

目前,网络机柜已发展成为具有一定尺寸系列的插箱、插件结构。插箱、插件的组装排列方式分水平排列和垂直排列两类。网络机柜材料普遍采用薄钢板、各种断面形状的钢型材、铝型材及各种工程塑料等。网络机柜的框架除用焊接、螺钉连接外,还采用粘接工艺。

1)实训目的

(1)掌握标准网络机柜和设备的安装;

(2)认识常用网络综合布线系统工程器材和设备;

(3)掌握网络综合布线常用工具和操作技巧。

2)实训要求

(1)设计网络机柜内设备的安装施工图;

(2)完成开放式标准网络机架的安装;

(3)完成1台19in 7U网络压接线实训仪的安装;

(4)完成1台19in 7U网络跳线测试实训仪的安装;

(5)完成2个19in 1U 24口标准网络配线架的安装;

(6)完成2个19in 1U 110型标准通信跳线架的安装;

(7)完成2个19in 1U标准理线环的安装;

(8)完成电源的安装。

3)实训设备、材料和工具

(1)开放式网络机柜底座1个,立柱2个,帽子1个,电源插座和配套螺丝;

(2)1台19in 7U网络压接线实训仪;

(3)1台19in 7U网络跳线测试实训仪;

(4)2个19in 1U 24口标准网络配线架;

(5)2个19in 1U 110型标准通信跳线架;

(6)2个19in 1U标准理线环;

(7)配套螺丝、螺母;

(8)配套十字头螺丝刀、活动扳手、内六方扳手。

4)实训步骤

(1)设计网络机柜施工安装图。参考网络配线实训设备的结构,用Visio软件设计机柜设备安装位置图。

(2)器材和工具准备。把设备开箱,按照装箱单检查数量和规格。

(3)机柜安装。按照西元开放式机柜的安装图纸,把底座、立柱、帽子、电源等进行装配,保证立柱安装垂直、牢固,见图1-6。

(4)设备安装。按照施工图纸安装全部设备,保证每台设备位置正确,左右整齐和平直。

(5)检查和通电。安装完毕后,按照施工图纸仔细检查,确认全部符合施工图纸后,接通电源测试。

1.3.3 综合布线系统测试及验收

1.3.3.1 综合布线系统测试

综合布线系统测试的主要内容和具体规范,包括铜缆性能评估、光纤性能评估等方面。

1.数据中心的验收

重点涉及UPS电源、机房接地电阻、接地网、电源的谐波分量、电源的零对地电压、空调的温湿度、新风机新风情况、机房的正压情况、场地监控及报警系统、装修的平整度、机

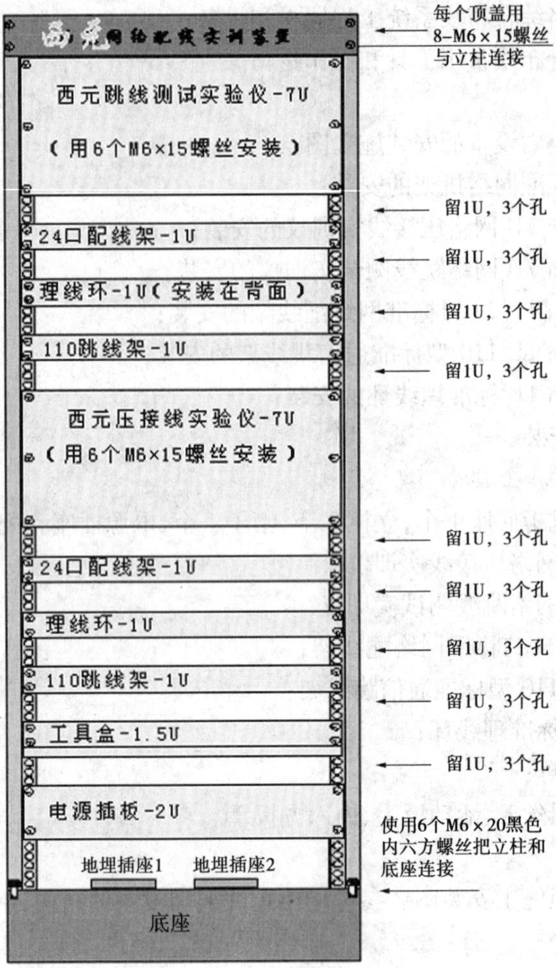

图1-6　网络机柜施工安装图

房的洁净度、照明系统、电源的接插座等。验收出现不合格项目时，必须要求整改，整改合格后再复验。

除此之外，数据中心总体验收方面还应该考虑绿色节能、智能化、安全性、稳定性、有效性等方面的综合认证。

2. 铜缆性能评估

在网络基础构架方面，对布线系统性能进行认证，综合布线系统测试也是必不可少的，综合布线系统测试对象主要是铜缆和光缆。

铜缆综合布线系统测试指标包括串扰（指一对绞线受到的来自其他绞线对的信号影响）、插入损耗（或称衰减，指传输距离带来的信号功率损耗）、回波损耗（由于端接好的电缆链路中阻抗不匹配所产生的信号反射，一般 UTP 电缆的特性阻抗为 100 Ω）以及时延偏离（电缆中不同线对同时发出的信号在接收到的时间上的差异），等等。

3. 光纤性能评估

光纤综合布线系统测试分为一类测试（损耗长度测试）和二类测试（OTDR 测试）两种。

在现场进行的光纤链路验收测试，习惯使用“衰减”或者“损耗”来判断被测链路的安装质量，多数情况下，这是非常有效的方法。在ISO 11801、TIA 568B和GB 50312等常用标准中都倾向于使用这种被称作一类测试的方法。特点是：测试参数包含损耗和长度两个指标，并对测试结果进行通过/失败的判断。但一类测试只关心光纤链路的总衰减值是否符合要求，并不关心链路中的可能影响误码率连接点（连接器、熔接点、跳线等）的质量，所以综合布线系统测试的对象主要是低速光纤布线链路（千兆及以下）。

某些要求高的用户出于“疑虑”或其他原因会提出现场测试光纤的对应等级，比如证明光纤链路符合OM3而不是OM2。这种测试现场往往是难以实施的，通常只能选择在实训室进行差分模式延迟（DMD）测试。

如果需要进行二类测试（OTDR测试），则OTDR测试跳线的选择与一类测试基本相同，只是一般倾向于选择稍长的测试跳线，以便避开测试死区。为了清晰地评估第一个接入的被测光纤链路接头，还可以在被测链路前面加一段发射补偿光纤（提高精度并避开死区）。为了清晰地评估最后一个链路接头，可以增加一段接收补偿光纤。

为了保证OTDR仪接入链路后能稳定地进行综合布线系统测试，测试规程一般都要求在测试前清洁测试跳线和仪器端口，或者使用光纤显微镜检查测试跳线的端面质量，部分OTDR仪器在开始测试前会自动评估综合布线系统测试跳线的端面连接质量。

4. 测试程序

在开始测试之前，应该认真了解布线系统的特点、用途及信息点的分布情况，确定测试标准。

整个测试程序如下：

(1)测试仪测试之前自检，确定测试仪是否正常；

(2)选择测试的模型，即确定所要测试的线缆部位（通常是测试信息插座到配线架，包括连接点）；

(3)根据要求，选择测试仪中的“自动测试”一项；

(4)测试后存储数据并打印（需要对每一根双绞线缆做测试，同时为每一根线缆均做测试报告）；

(5)发现问题修复后进行再次测试，若测试中出现失败，则查找故障；

(6)将测试结果保存，测试仪所提供的测试报告文件是不可以修改的文本，是经过加密无法让施工人员进行修改的文件。

1.3.3.2 综合布线系统验收

1. 综合布线系统的验收应遵循的规定

(1)进行综合布线系统工程验收时，应按设计文件及合同规定的内容；

(2)进行综合布线系统的施工、安装、测试及验收时必须遵守相应的技术标准、技术要求及国家标准；

(3)在施工过程中，施工单位必须执行有关施工质量检查的规定，建设单位应通过工地代表或工程监理人员加强工地的随工质量检查，及时组织隐蔽工程的检验和签证工作；

(4)竣工验收项目内容和方法应按有关规范办理；

(5)施工操作规程应贯彻执行有关规范要求；

(6)综合布线系统工程的验收应符合国家现行的有关标准的规定。

2. 工程验收

1)工程验收标准及依据

(1)EIA/TIA 568A 商用建筑电信布线标准及 EN50173、ISO/IEC 11801 等国外综合布线标准;

(2)生产厂商颁发 15 年质保证书的标准;

(3)甲方签字确认的施工图纸、技术文件;

(4)国内的综合布线标准。

2)工程的验收方式

(1)采用分段验收与完工总验收相结合的方式;

(2)各管理区子系统配线架线缆要有分区标志,并安装牢固;

(3)布线竣工后,交付符合技术规范的垂直布线分配表和 MDF/IDF 位置分布表;

(4)对大对数电缆与光纤进行相关测试,并提供测试报告。

3. 竣工资料

施工单位(乙方)完成工程施工督导和安装测试后,书面通知建设单位(甲方)并提供原测试方案、具体测试事项和工程达到的技术标准。

施工单位(乙方)向建设单位(甲方)提供如下的符合技术规范的结构化综合布线技术档案材料:综合布线系统配置图、光纤端接架上光纤分配表、光纤测试报告、铜缆系统测试报告、竣工图。

1.3.4 实训过程与实训报告

(1)按前面的综合布线系统设计要求,完成系统设计;

(2)完成 RJ-45 信息模块的压接与信息插座的安装实训;

(3)完成 RJ-45 配线架的端接与安装实训;

(4)完成网络机柜的安装;

(5)填写相应实训报告(格式见附录三)。

1.4 中小型企业网络的建设

中小型企业网络的建设是企业向信息化发展的必然选择,企业网络系统是一个非常庞大而复杂的系统,它不仅为企业现代化、综合信息管理和办公自动化等一系列应用提供基本操作平台,而且能提供多种应用服务,使信息能及时、准确地传送给各个系统。中小型企业在工程建设中主要应用了网络技术中的重要分支,即局域网技术来建设与管理。

1.4.1 实训概述

1.4.1.1 实训目的

(1)了解中小型企业网络的建设目标与要求;

(2)熟悉中小型企业的组网技术;

(3)掌握企业网络的结构设计、设备选择、服务器的设置等。

1.4.1.2 实训内容

(1)网络结构设计、网络设备的选择与配置;

(2)网段及 VLAN 的划分;

(3)配置网络服务器。

1.4.2 实训过程

1.4.2.1 网络结构设计

企业网络的层次都采用核心层(网络的高速交换主干)、汇聚层(提供基于策略的连接)、接入层(将工作站接入网络)三个网络层次的设计结构,见图 1-7。

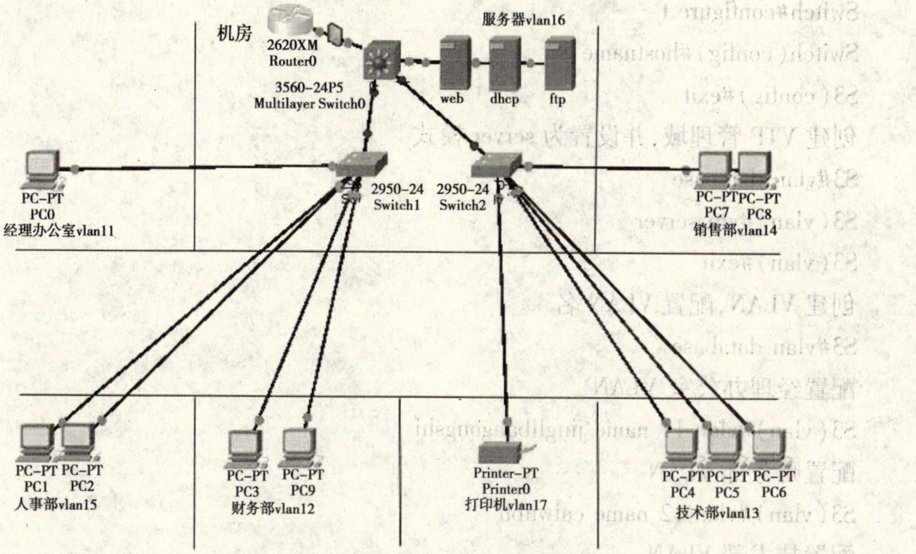

图 1-7 企业网拓扑结构图

在网络结构设计中常用的技术有:三层交换技术、VLAN 划分、层次化架构三层网络等。在网络设备的选择方面,核心层交换机通常选择大品牌的全千兆三层交换机,汇聚层交换机选择固定配置、可堆叠、提供快速以太网和千兆位以太网连接的智能服务交换机。

1.4.2.2 网段及 VLAN 的划分

随着局域网应用的不断深入,各企业、各单位同外界信息媒体之间的相互交换和共享的要求日益增加,需要使各单位相互间做到高效的信息交换、资源共享,为各单位人员提供准确、可靠、快捷的各种生产数据和信息,充分发挥现有的计算机设备的功能。为加强各公司内各分区的业务和技术联系,提高工作效率,实现资源共享,降低运作及管理成本,要建立企业内部局域网。局域网要求建设基于 TCP/IP 协议和 WWW 技术规范的企业内部非公开的信息管理和交换平台,该平台以 Web 为核心,集成 Web、文件共享、信息资源管理等服务功能,实现公司员工在不同地域对内部网的访问。

以某公司办公楼为例,网段及 VLAN 的划分见表 1-5。

核心层交换机 VLAN 的配置结果如下:

表 1-5 某公司办公楼网段及 VLAN 划分表

建筑物	部门	所属 VLAN	IP 地址
办公楼	经理办公室	vlan11	192.168.11.0/24
	财务部	vlan12	192.168.12.0/24
	技术部	vlan13	192.168.13.0/24
	销售部	vlan14	192.168.14.0/24
	人事部	vlan15	192.168.15.0/24
	服务器	vlan16	192.168.16.0/24
	打印机	vlan17	192.168.17.0/24

Switch > enable

Switch#configure t

Switch(config)#hostname S3

S3(config)#exit

创建 VTP 管理域,并设置为 server 模式

S3#vlan database

S3(vlan)#vtp server

S3(vlan)#exit

创建 VLAN,配置 VLAN 名

S3#vlan database

配置经理办公室 VLAN

S3(vlan)#vlan 11 name jinglibangongshi

配置财务部 VLAN

S3(vlan)#vlan 12 name caiwubu

配置技术部 VLAN

S3(vlan)#vlan 13 name jishubu

配置销售部 VLAN

S3(vlan)#vlan 14 name xiaoshoubu

配置人事部 VLAN

S3#(vlan)#vlan 15 name renshibu

配置服务器 VLAN

S3(vlan)#vlan 16 name fuwuqizu

配置共享打印机 VLAN

S3(vlan)#vlan 17 name gongxiangdayinji

将端口 F0/1、F0/2 设置为 VLAN 中继模式

F0/1 进入端口配置模式

S3#conf t

S3(config)#interface fastethernet0/1

将端口设置为两层方式

S3(config)#switchport
封装 dotlq 协议
S3(config)#switchport trunk encapsulation dotlq
设置为 trunk 模式
S3(config)#switchport mode trunk
F0/2 进入端口配置模式
S3#conf t
S3(config)#interface fastethernet0/2
将端口设置为两层方式
S3(config)#switchport
封装 dotlq 协议
S3(config)#switchport trunk encapsulation dotlq
设置为 trunk 模式
S3(config)#switchport mode trunk
配置 vlan 11 接口地址
S3(config)#interface vlan 11
S3(config-if)#ip address 192.168.11.1 255.255.255.0
配置 vlan 12 接口地址
S3(config)#interface vlan 12
S3(config-if)#ip address 192.168.12.1 255.255.255.0
配置 vlan 13 接口地址
S3(config)#interface vlan 13
S3(config-if)#ip address 192.168.13.1 255.255.255.0
配置 vlan 14 接口地址
S3(config)#interface vlan 14
S3(config-if)#ip address 192.168.14.1 255.255.255.0
配置 vlan 15 接口地址
S3(config)#interface vlan 15
S3(config-if)#ip address 192.168.15.1 255.255.255.0
配置 vlan 16 接口地址
S3(config)#interface vlan 16
S3(config-if)#ip address 192.168.16.1 255.255.255.0
配置 vlan 17 接口地址
S3(config)#interface vlan 17
S3(config-if)#ip address 192.168.17.1 255.255.255.0
将 F0/3-5 端口划给 VLAN 16，只列出 F0/3 的配置，其余端口的配置与 F0/3 相同
S2(config)#int f0/3
设置为访问模式

S2(config - if)#switchport mode access

分配给 vlan 16

S2(config - if)#switchport access vlan 16

1.4.2.3　配置网络服务器

(1)安装 Web 服务器:Web 服务器也称为 WWW(World Wide Web)服务器,主要功能是提供网上信息浏览服务,具体配置过程见第 2 章,下同。

(2)配置 FTP 服务器;

(3)安装 DHCP 服务器等。

1.4.3　实训过程与实训报告

(1)完成中小型企业网络拓扑结构设计;

(2)熟悉 VLAN 的划分方法;

(3)了解网络服务器的配置内容;

(4)填写相应实训报告(格式见附录三)。

1.5　组建校园网

随着计算机网络的发展,特别是 Internet 的日益普及,建设和使用校园网已成为一种普遍趋势。随着校园网建设的快速发展,各级学校对网络的依赖性越来越强,同时,网络应用也日新月异,校园网建设已成为现代教育机构的必然选择。从类型来看,校园网大都属于中小型系统,以园区局域网为主,但是它的网络结构和性能要求却有一定的特殊性。为此,相应的网络维护和网络测试方法应有一些特别的考虑。

1.5.1　实训概述

1.5.1.1　实训目的

(1)了解校园网的设计目标与设计原则;

(2)熟悉校园网的拓扑结构;

(3)了解校园网的总体设计要求。

1.5.1.2　实训内容

(1)校园网的设计目标与设计原则;

(2)校园网的拓扑结构;

(3)NOS 选择;

(4)校园网内数据的访问安全控制机制。

1.5.2　实训过程

1.5.2.1　校园网的设计目标与设计原则

校园网的设计目标主要包括:

(1)采用模块化结构设计,以易于升级;

(2)采用分布式结构,以便于开发和维护;

(3)采用集群解决方案,以保证连续工作;

(4)采用高带宽,以保证网络速度;

(5)采用成熟先进的平台软件,以缩短教学课件的开发周期;

(6)采用国际互联网上的标准通信协议——TCP/IP 协议,提供校园内部及面向全球的 Web、FTP、E-mail 等网络服务,实现与国际互联网的完全接轨;

(7)具有高可靠性和开放性,支持当前流行的各种网络管理协议;

(8)具有支持通用大型数据库的功能;

(9)具有良好的软件支持;

(10)具有高度的性能价格比。

校园网的设计原则如下:

(1)网络方案应采用成熟的技术,并尽可能采用先进的技术;

(2)用国际统一标准,以拥有广泛的支持厂商,最大限度地采用同一厂家的产品;

(3)合理分配带宽,使用户具有较高的网络接入速度;

(4)应充分考虑未来可能增加的应用,如桌面将承受大型应用软件和多媒体传输需求的压力;

(5)网络方案要具有高扩展性,能针对用户未来数目的扩展具有调整、扩充的手段和方法;

(6)该网络应是面向连接的,能够实现虚拟网络(VLAN)连接;

(7)考虑对用户现有网络的平滑过渡,使学校现有陈旧设备尽量保持较好的利用价值。

1.5.2.2 校园网设计

1. 网络拓扑结构

某大学校园网络拓扑结构图如图 1-8 所示。

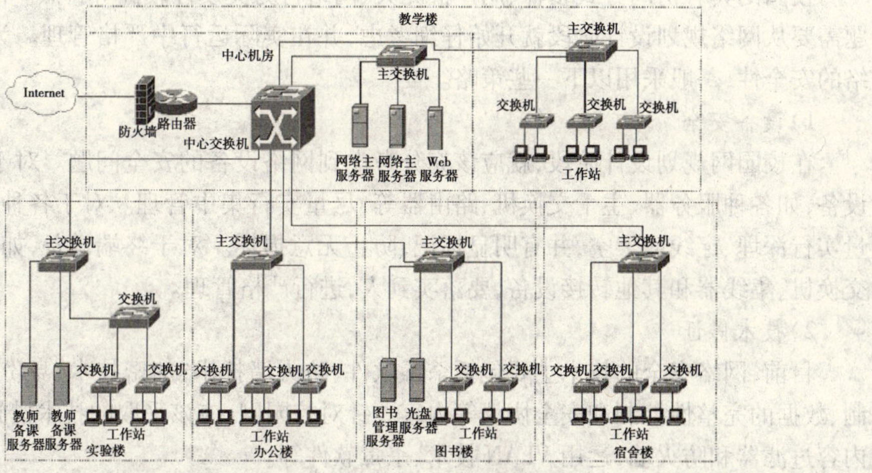

图 1-8　某大学校园网络拓扑结构图

2. 校园网综合布线

校园网为园区网，建筑群子系统采用光缆连接，提供千兆位的带宽；垂直（主干）子系统位于各建筑物的竖井内，可采用多模光缆或大对数双绞线；管理区子系统并入设备间子系统，集中管理。

采用多设备间的方法，分为中心设备间和各楼宇设备间。中心设备间是整个校园网的控制中心，内设有对外对内通信的各种网络设备（交换机、路由器、视频服务器等），核心交换机通过光缆（地下直埋）与各楼宇设备间的交换设备相连，以保证数据的高速传输。

核心交换机和各楼宇的主干交换机采用千兆光纤交换机。校园网的主干即网络中心与教学楼、实验楼、图书馆、宿舍楼之间全部采用 8 芯室外多模光缆；楼内选用 6 芯室内光缆和 5/5eUTP。

3. 校园网服务器

根据学校的实际应用，配置服务器若干台，主要包括：

(1) 主服务器：负责整个校园网的管理、教育资源管理、校园网中各个域名的解析等。

(2) WWW：负责远程服务管理及 Web 站点的管理。

(3) 电子阅览服务器：负责多媒体资料的阅览、查询及文件管理等。

(4) 图书管理服务器：负责图书资料管理等。

4. 网络操作系统（NOS）

校园网的网络操作系统可以考虑以 Windows 2003 Server 和 Linux 为主，它们是发展速度最快的、集成了 Web 应用的网络操作系统。Linux 具有系统强大、稳定可靠等优点，而 Windows 2003 Server 具有界面友好、操作简便、与桌面主流操作系统兼容性好，并拥有大量的基于 NT 的服务器端软件等优点。它们是 Internet 网络中最佳的网络操作系统平台。

5. 校园网安全管理的策略

校园网具有访问方式多样、用户群庞大、网络行为突发性较高等特点。网络的安全问题需要从网络规划设计阶段就开始仔细考虑，并在实际运行中严格管理。为保证校园网络的安全性，一般采用以下一些策略。

1) 设备安全

在校园网规划设计阶段，就应该充分考虑到网络设备的安全问题。对于一些重要的设备，如各种服务器、主干交换机、路由器等，尽量实行集中管理。对于各种通信线路，尽量实行深埋、穿线或架空，并有明显标记，防止无意损坏。对于终端设备，如工作站、小型交换机、集线器和其他转接设备，要落实到人，进行严格管理。

2) 技术保证

目前，网络安全的技术主要包括杀毒软件、防火墙技术、加密技术、身份验证、存取控制、数据的完整性控制和安全协议等内容。针对校园网，应该采取的技术措施主要有运用内容过滤器和防火墙，运用 VLAN 技术、杀毒软件等。

3) 网络的管理

对于网络的安全管理，除建立起一套严格的安全管理规章制度外，还必须培养一支具有安全管理意识的网管队伍。网络管理人员通过对所有用户设置资源使用权限与口令，对用户名和口令进行加密存储、传输，提供完整的用户使用记录和分析等方式可以有效地保证系统的安全。

网管人员还需要建立与维护完整的网络用户数据库，严格对系统日志进行管理，对公共机房实行精确到人、到机位的使用登记制度，则可对网络用户和服务账号进行精确的控制。定时对校园网系统的安全状况做出评估和审核，关注网络安全动态，调整相关安全设置，进行入侵防范，发出安全公告，紧急修复系统。

4)用户教育

除对用户进行有关网络安全的法律法规和规章制度的宣传教育外，还必须让用户知道如何使用密码、管理文件、收发邮件和正确地运行应用程序。对于非法访问和黑客攻击事件，一旦发现要严肃处理。

1.5.3 实训过程与实训报告

(1)完成校园网的拓扑结构设计；

(2)熟悉校园网安全管理的内容；

(3)填写相应实训报告(格式见附录三)。

第2章 Windows Server 2003的安装与配置

Windows Server 2003 是 Microsoft 公司设计开发的网络操作系统。与以前的版本相比,该系统提供了更多的管理工具、更强的系统维护与配置功能,具有更高的稳定性和安全性。

Windows Server 2003 是一个多任务的操作系统,根据需要我们可以把安装了Windows Server 2003 的服务器配置成不同角色的服务器。服务器的角色包括目录服务器、动态主机配置协议(DHCP)服务器、域名系统(DNS)、Web 服务器、邮件服务器、文件服务器等。

本章主要介绍 Windows Server 2003 的安装及配置。

2.1 安装 Windows Server 2003

Windows Server 2003 有多种不同的安装方式,包括:从 CD - ROM 启动进行全新的安装;在已经运行 Windows 操作系统的计算机上安装;从网络进行安装;通过远程安装服务器进行安装;无人值守安装;升级安装。

使用 Windows Server 2003 引导光盘进行安装是最简单常见的安装方式,本节将介绍这种安装方法。

2.1.1 实训概述

2.1.1.1 学习目的

(1)掌握磁盘空间的规划和系统文件格式的选择。

(2)了解各种安装方式,能根据情况选择不同的方式来安装系统。

(3)掌握 Windows Server 2003 操作系统的启动和安装步骤。

2.1.1.2 主要内容

使用光盘安装 Windows Server 2003。

2.1.1.3 实训理论要求

(1)了解 Windows Server 2003 对磁盘分区和文件系统的要求。

(2)了解 Windows Server 2003 的安装方式。

2.1.2 实训过程

下面以安装 Windows Server 2003 企业版为例介绍安装方法。

2.1.2.1 设置主机的 BIOS

启动计算机,按"Del"或"Esc"键进入计算机主板 BIOS 界面,进行 boot 启动设置,设置第一启动项为"CD - ROM",按"F10"键保存并退出 BIOS 设置。

2.1.2.2 **安装** Windows Server 2003

(1)完成上述过程后,将 Windows Server 2003 安装光盘放入光驱中,重新启动计算机,进入 Windows Server 2003 安装界面,开始运行 Windows Server 2003 安装程序,如图 2-1 所示。

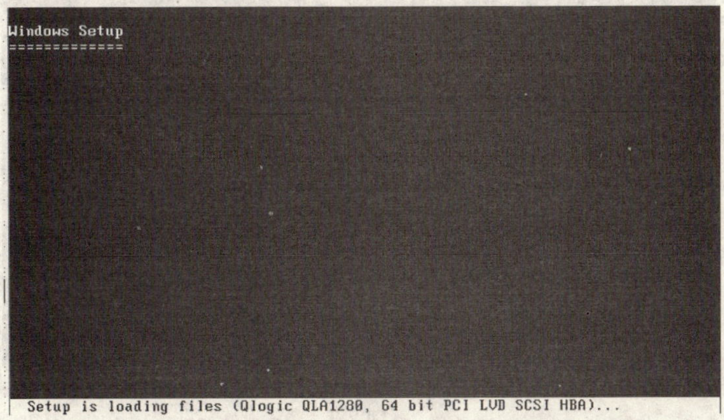

图 2-1

(2)进入 Windows Server 2003 安装向导,按"Enter"键继续安装,如图 2-2 所示。

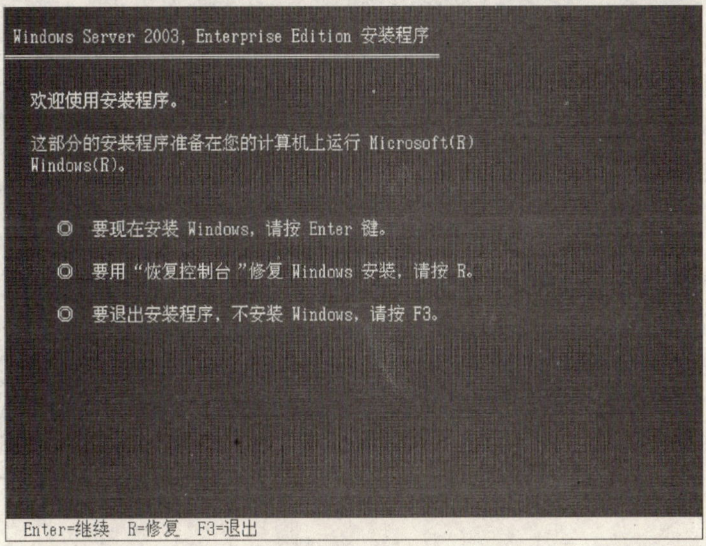

图 2-2

(3)阅读 Windows Server 2003 安装许可协议,按"F8"键同意,如图 2-3 所示。

(4)安装程序开始收集电脑上的安装信息,并要求用户选择安装 Windows Server 2003 的硬盘分区。默认选中硬盘中的第一个分区(C 盘),用户可以按方向键选中合适的分区,按回车键继续,如图 2-4 所示。

(5)进入磁盘格式化页面,安装程序提示用户使用哪种文件格式来格式化分区。可供选择的有 NTFS 分区格式和 FAT 分区格式。因为 NTFS 文件系统可以拥有更高效的磁盘利用率和安全性能,所以这里选"用 NTFS 文件系统格式化磁盘分区"选项并按回车键,

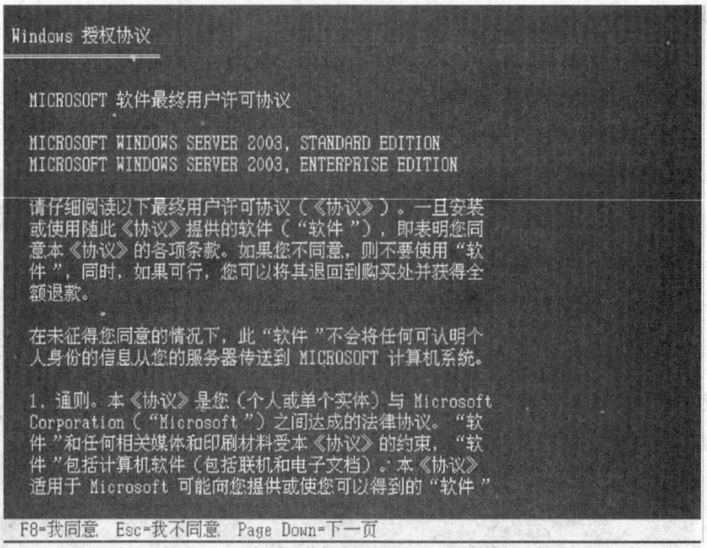

图 2-3

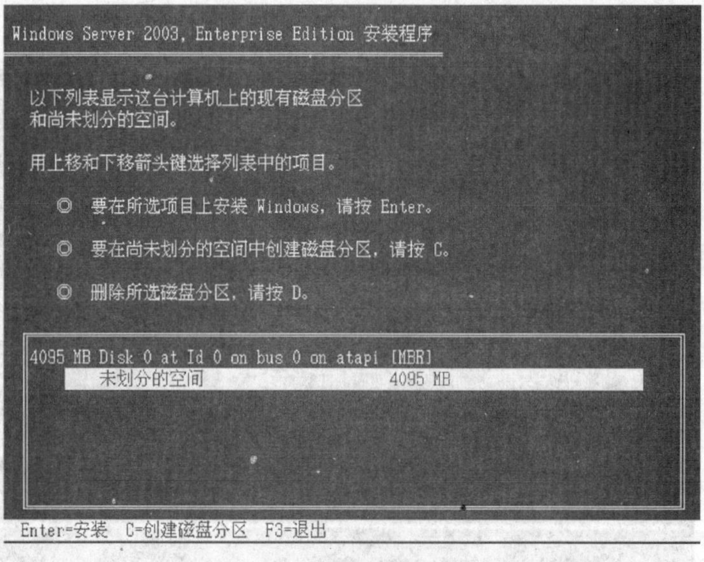

图 2-4

如图 2-5 所示。

(6)安装程序开始格式化磁盘分区，格式化完毕后自动进入文件复制页面。安装程序开始将文件复制到 Windows 安装文件夹，复制过程所需时间较长，如图 2-6 所示。

(7)文件复制完毕后，安装程序将在 15 s 后自动重新启动计算机。也可按回车键立刻重启。

(8)重新启动电脑后，可以看到 Windows Server 2003 的启动画面。系统启动至 Windows界面的安装屏幕，安装程序会进一步复制文件，并开始检测和安装硬件设备。此过程需要较长时间，如图 2-7 所示。

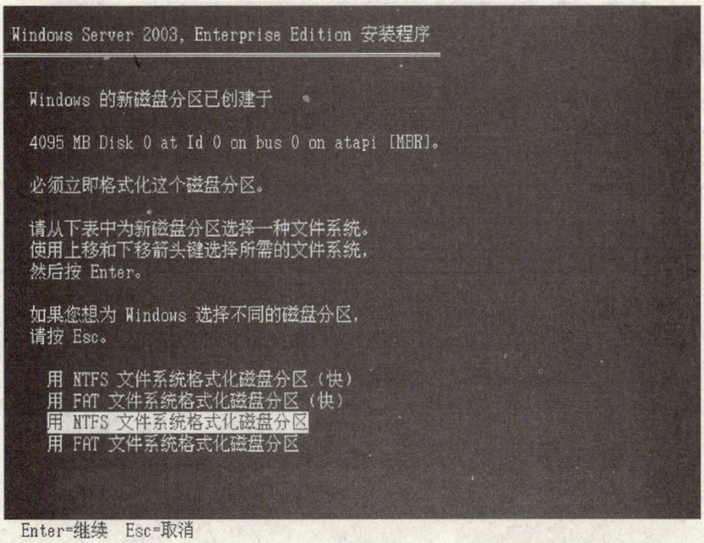

图 2-5

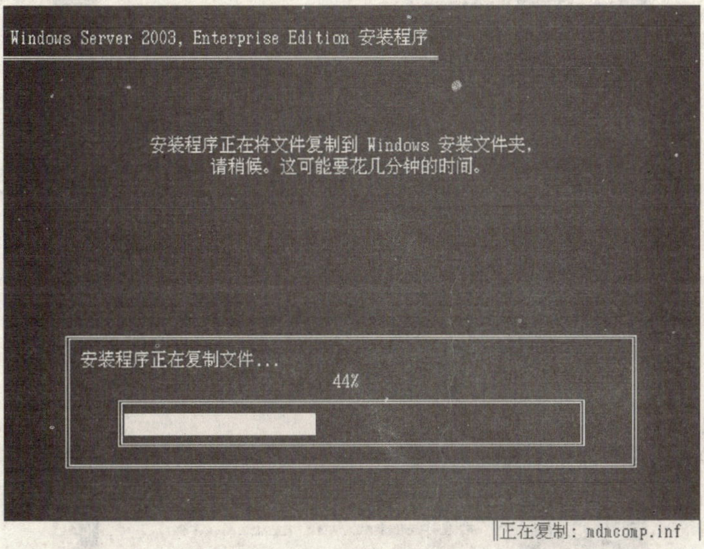

图 2-6

(9)完成设备安装后打开“区域和语言选项”对话框，用户可以选择设置输入法等项目，如图 2-8 所示。一般保持默认设置，单击“下一步”按钮。

(10)打开“自定义软件”对话框，如图 2-9 所示。输入用户姓名和工作单位，并单击“下一步”按钮。

(11)在打开的“您的产品密钥”对话框中，要求输入 Windows Server 2003 的合法产品密钥，如图 2-10 所示。输入密钥后，单击“下一步”按钮。

(12)打开“授权模式”对话框，安装程序要求用户指定希望使用的授权模式。对于单用户而言，保持默认设置即可，而如果局域网中存在多台 Windows Server 2003 服务器，则

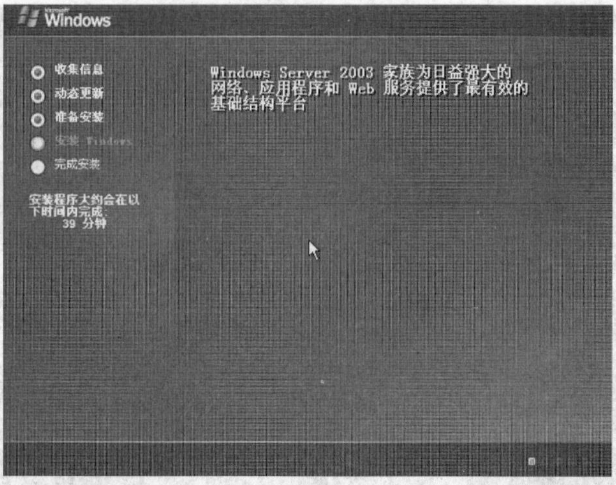
Windows
收集信息
动态更新
准备安装
安装 Windows
完成安装
安装程序大约会在以下时间内完成:
39 分钟
Windows Server 2003 家族为日益强大的网络、应用程序和 Web 服务提供了最有效的基础结构平台

图 2-7

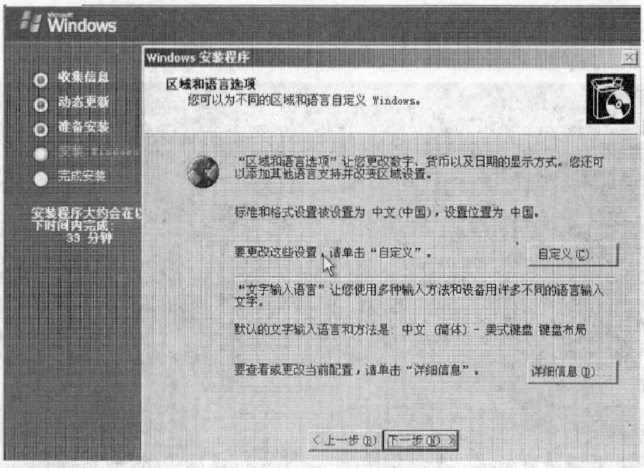
Windows
Windows 安装程序
收集信息
动态更新
准备安装
安装 Windows
完成安装
安装程序大约会在以下时间内完成:
33 分钟
区域和语言选项
您可以为不同的区域和语言自定义 Windows。
“区域和语言选项”让您更改数字、货币以及日期的显示方式。您还可以添加其他语言支持并改变区域设置。
标准和格式设置被设置为 中文(中国)，设置位置为 中国。
要更改这些设置，请单击“自定义”。
自定义(C)...
“文字输入语言”让您使用多种输入方法和设备用许多不同的语言输入文字。
默认的文字输入语言和方法是: 中文 (简体) - 美式键盘 键盘布局
要查看或更改当前配置，请单击“详细信息”。
详细信息(D)...
< 上一步(B)
下一步(N) >

图 2-8

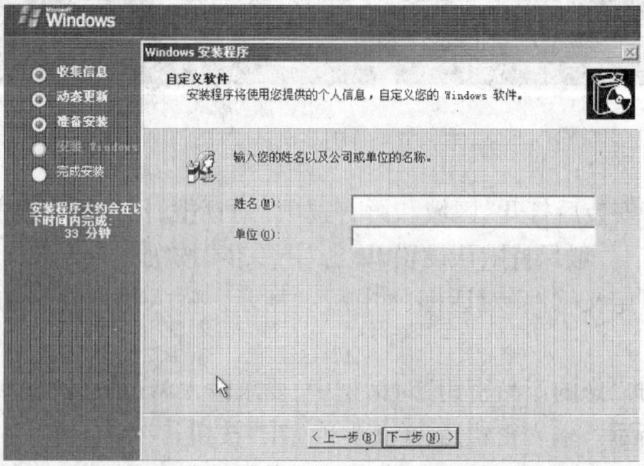
Windows
Windows 安装程序
收集信息
动态更新
准备安装
安装 Windows
完成安装
安装程序大约会在以下时间内完成:
33 分钟
自定义软件
安装程序将使用您提供的个人信息，自定义您的 Windows 软件。
输入您的姓名以及公司或单位的名称。
姓名(M):
单位(O):
< 上一步(B)
下一步(N) >

图 2-9

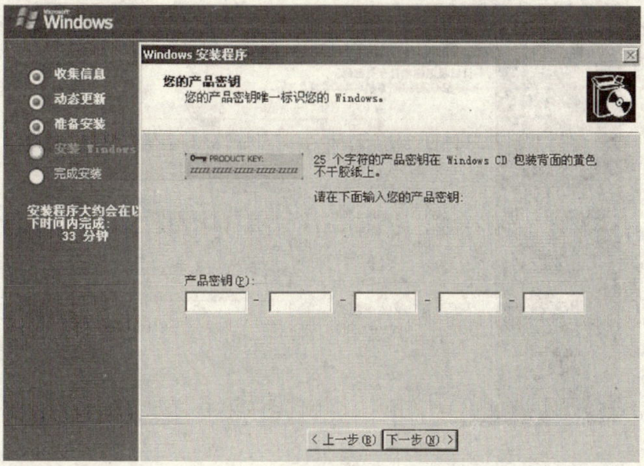

图 2-10

应该选中“每设备或每用户”单选框，如图 2-11 所示。这里选择“每服务器”单选框，并单击“下一步”按钮。

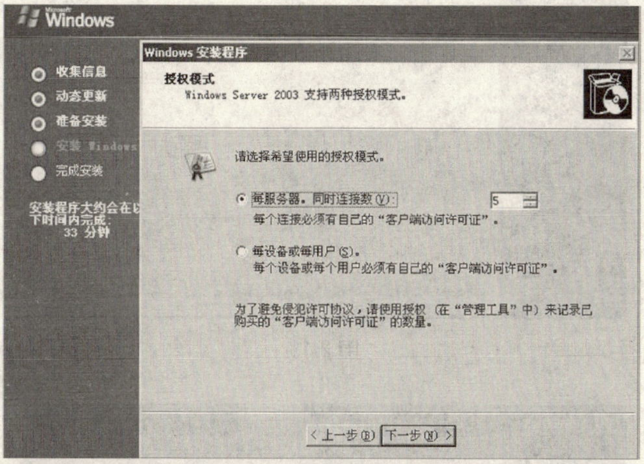

图 2-11

(13)在打开的“计算机名称和管理员密码”对话框中，需要设置计算机名称和管理员密码。需要注意的是，计算机名称的长度不能超过 64 个字符，建议在 15 个字符以内，且该名称在网络具有唯一性。另外，系统允许最多使用 14 个字符作为密码，且区分大小写。设置完毕后，单击“下一步”按钮，如图 2-12 所示。

(14)在打开的“日期和时间设置”对话框中，调整电脑系统的日期、时间以及时区，如图 2-13 所示。“时区”选项一般保持默认设置即可，单击“下一步”按钮。

(15)安装程序开始安装网络组件和网络设备，以使该电脑可以上网，如图 2-14 所示。

(16)打开“网络设置”对话框，一般用户只需选中“典型设置”单选框，在完成安装后再作进一步的调整。当然，如果需要，也可以选中“自定义设置”单选框。如图 2-15 所示，设置完以后，单击“下一步”按钮。

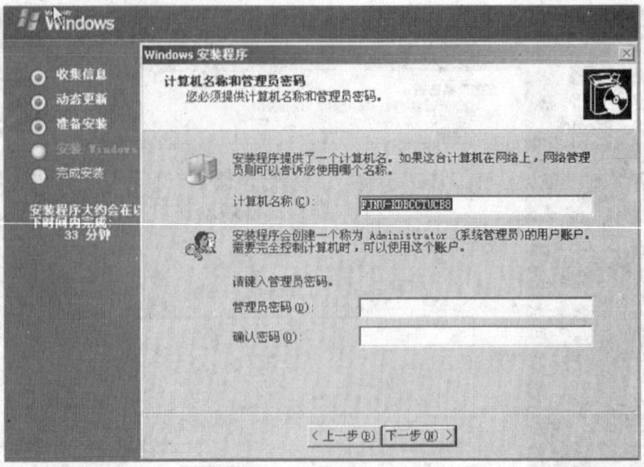

图 2-12

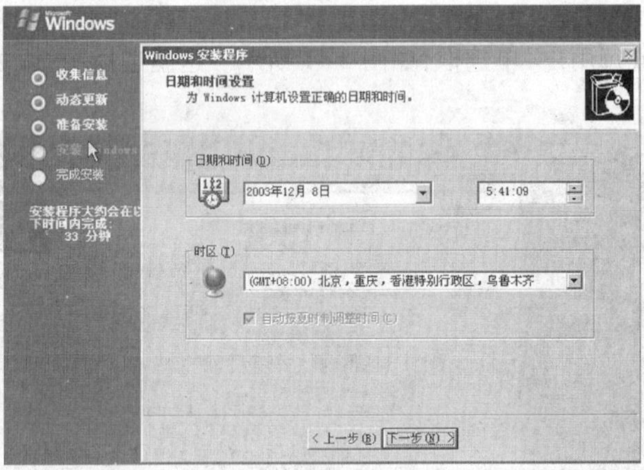

图 2-13

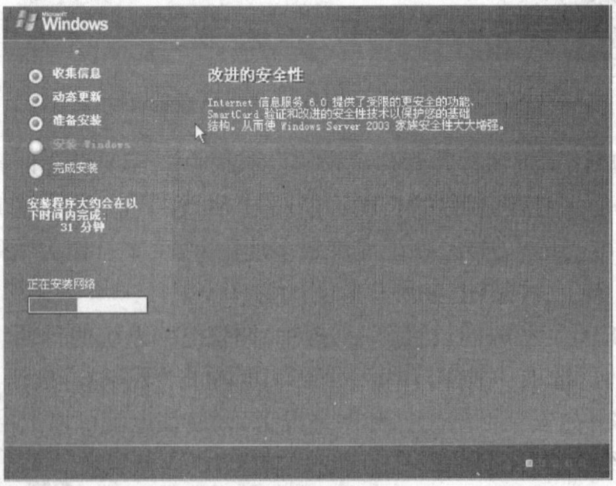

图 2-14

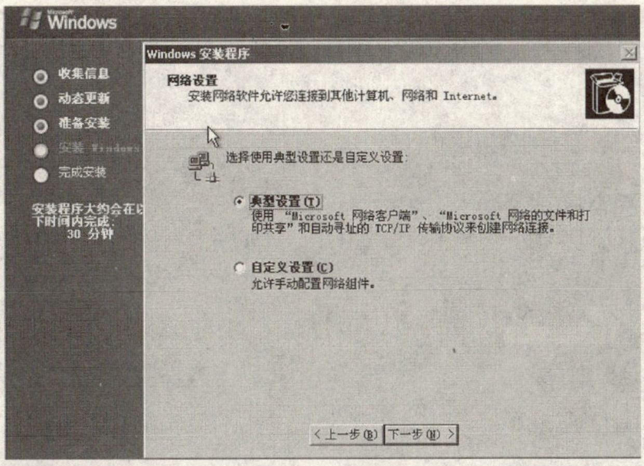

图 2-15

(17)在打开的“工作组或计算机域”对话框中,可以设置该电脑隶属于哪个工作组或域,如图 2-16 所示。这些设置只有在局域网环境才有效,一般用户只需保持默认设置,单击“下一步”按钮。

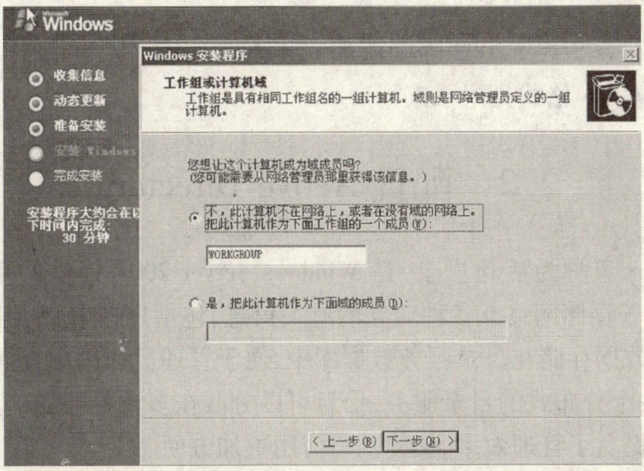

图 2-16

(18)在后面的安装过程中,安装程序将安装“开始”菜单等系统组件,并对这些组件进行注册,如图 2-17 所示。安装设置工作将由安装程序自动完成,最后删除临时文件并重新启动电脑。

(19)再次重新启动电脑,这时已经出现了 Windows Server 2003 的登录对话框。按“Ctrl”+“Alt”+“Del”组合键。

(20)系统默认输入了系统管理员的账户名称 Administrator,用户需要在“密码”编辑框中输入事先设置的系统管理员密码,单击“确定”按钮。

(21)登录 Windows Server 2003 系统桌面,自动打开“管理您的服务器”窗口。至此已经成功安装了 Windows Server 2003 系统。

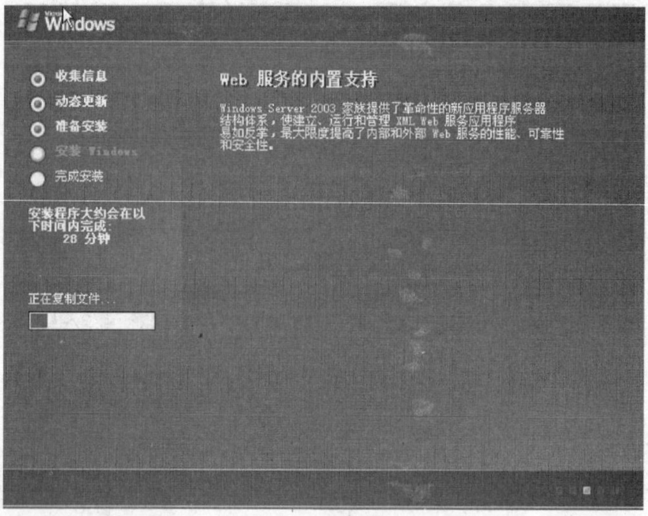

图 2-17

2.1.3　实训过程与实训报告

(1)完成 Windows Server 2003 企业版的安装；

(2)填写实训报告(格式见附录三)。

2.2　配置 Active Directory

Active Directory 又称为活动目录，是 Windows Server 2003 提供的重要的目录服务。Active Directory 用于存储网络上各种对象的有关信息，包括用户账户、组、打印机、共享文件夹等，并把这些数据存储在目录服务数据库中，便于管理员和用户查询及使用。

活动目录是一个分布式的目录服务，信息可以分散在多台不同的计算机上，保证用户能够快速访问，既提高了管理效率，又使网络应用更加方便。

本节将介绍如何安装和配置 Active Directory。

2.2.1　实训概述

2.2.1.1　学习目的

(1)掌握 Active Directory 的安装和配置。

(2)了解 Active Directory 的管理工具。

2.2.1.2　主要内容

安装配置 Active Directory，并检查安装后的服务器。

2.2.1.3　实训理论要求

(1)了解 Active Directory 的作用。

(2)了解 Active Directory 的安装和配置步骤。

2.2.2　实训步骤

2.2.2.1　安装 Active Directory

(1)首先确认“本地连接”属性“TCP/IP”首选 DNS 是否指向了本机(本例为 192.168.0.3)。

(2)依次选取“开始”→“程序”→“管理工具”→“管理您的服务器向导”命令,打开“管理您的服务器”窗口,单击“添加或删除角色”,启动“配置您的服务器向导”,单击“下一步”按钮,检测所有的设备、操作系统,并搜索网络连接。搜索完成,弹出如图 2-18 所示窗口,选择“自定义配置”单选按钮,单击“下一步”按钮。

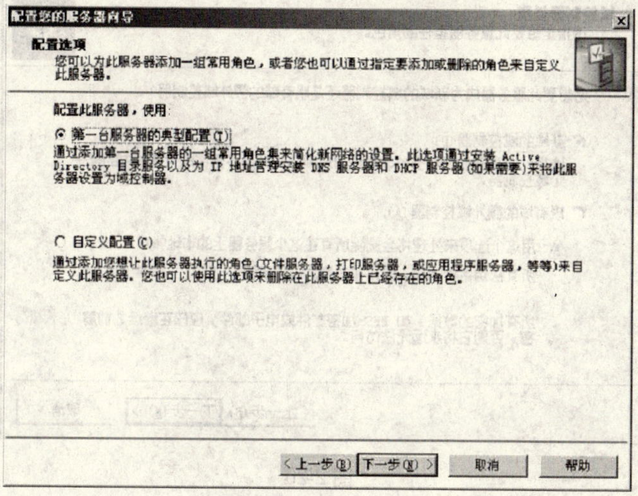

图 2-18

(3)选择“域控制器”选项,将该计算机设置为域控制器,并同时安装活动目录,如图 2-19所示,单击“下一步”按钮。

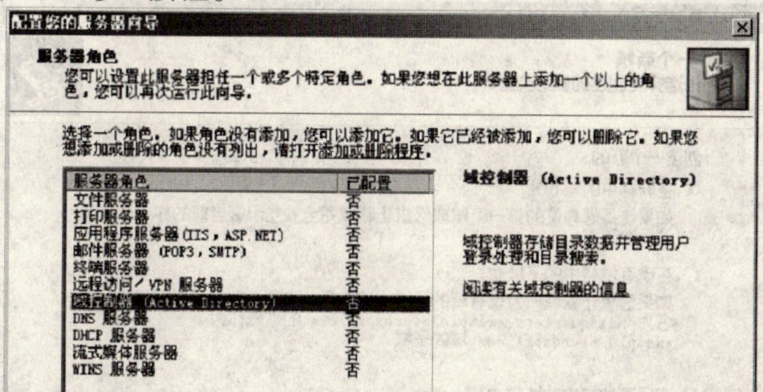

图 2-19

(4)显示“选择总结”窗口,此处说明将“运行 Active Directory 安装向导来将此服务器设置成域服务器”,直接单击“下一步”按钮,启动“Active Directory 安装向导”窗口,单击“下一步”按钮。

(5)弹出“操作系统兼容性”窗口,此处对安装活动目录以后的情况进行了简单说明,单击“下一步”按钮。

(6)弹出如图 2-20 所示“域控制器类型”窗口,选择此服务器要担任的角色。如果当前服务器未曾安装过 Active Directory,并且要保留这个服务器上的所有账户,则选择“新域的域控制器”选项。这里选择“新域的域控制器”选项后,单击“下一步”按钮。

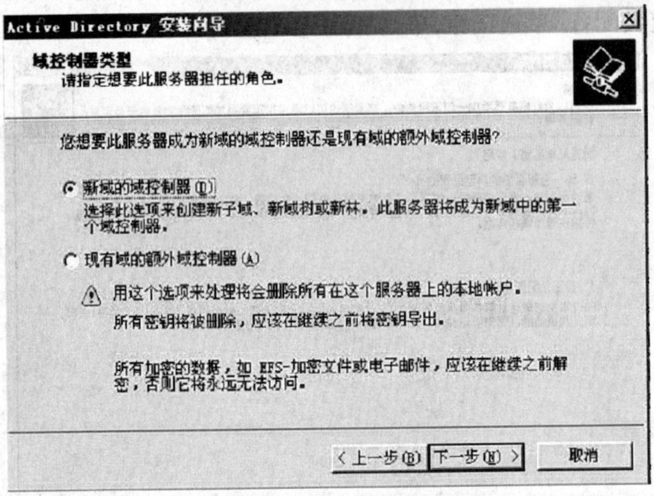

图 2-20

(7)弹出如图 2-21 所示“创建一个新域”窗口。如果以前曾在该服务器上安装过 Active Directory,可以选择“在现有域树中的子域”或“在现有的林中的域树”选项;如果是

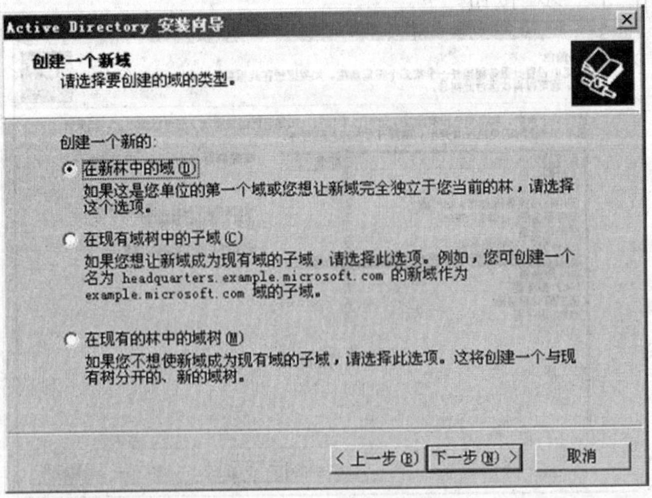

图 2-21

第一次安装,则建议选择“在新林中的域”选项。这里选择“在新林中的域”选项后,单击“下一步”按钮。

(8)弹出如图2-22所示“新的域名”窗口,在“新域的DNS全名”文本框中输入该服务器的DNS全名,如果尚未申请正式域名,也应当输入拟申请的域名,本例输入“cninfo.com”,单击“下一步”按钮。

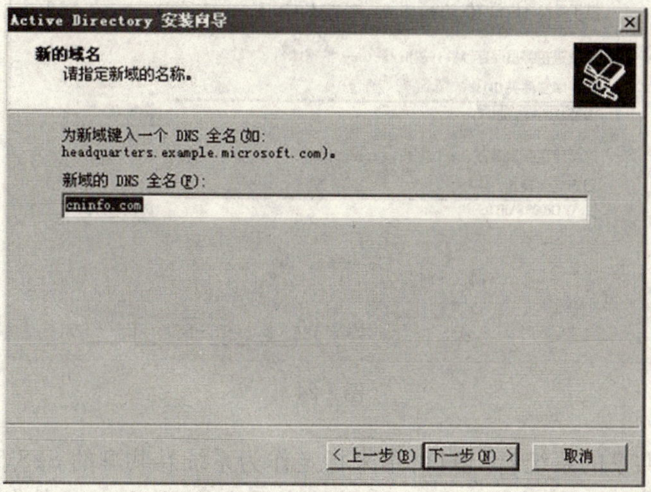

图2-22

(9)弹出如图2-23所示“NetBIOS域名”窗口,在“域NetBIOS名”文本框中,显示该服务器的新域的NetBIOS名称。NetBIOS名称的意义在于,让其他早期Windows版本的用户可以识别新域。单击“下一步”按钮。

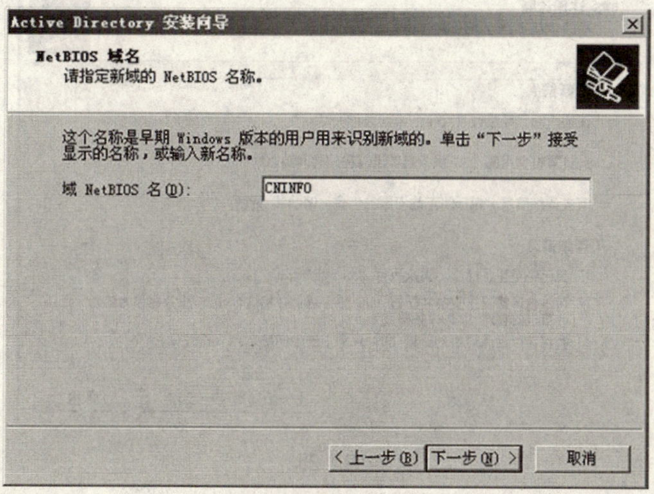

图2-23

(10)弹出如图2-24所示“数据库和日志文件文件夹”窗口,Active Directory数据库默认位于系统盘Windows文件夹下,也可以单击“浏览”按钮,更改为其他路径,建议不作更改,单击“下一步”按钮。其中,数据库文件夹用来存储互动目录数据库,而日志文件夹用来存储活动目录的变化日志,以便于日常管理和维护。

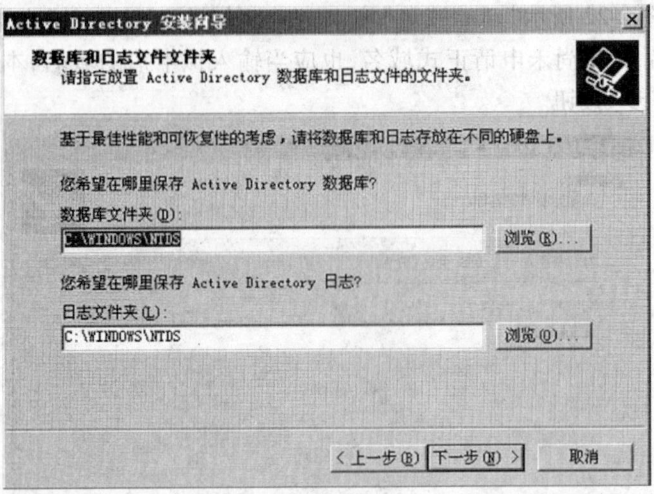

图 2-24

(11)弹出“共享的系统卷”窗口,用来指定作为系统卷共享的 SYSVOL 文件夹的位置,该文件夹必须在 NTFS 格式的分区中,默认为系统盘 Windows 文件夹下,建议不作修改,单击“下一步”按钮。

(12)弹出如图 2-25 所示的“DNS 注册诊断”窗口,系统会对该服务器进行 DNS 诊断测试,并显示出诊断结果,本例直接选择第二个单选项即可。单击“下一步”按钮。

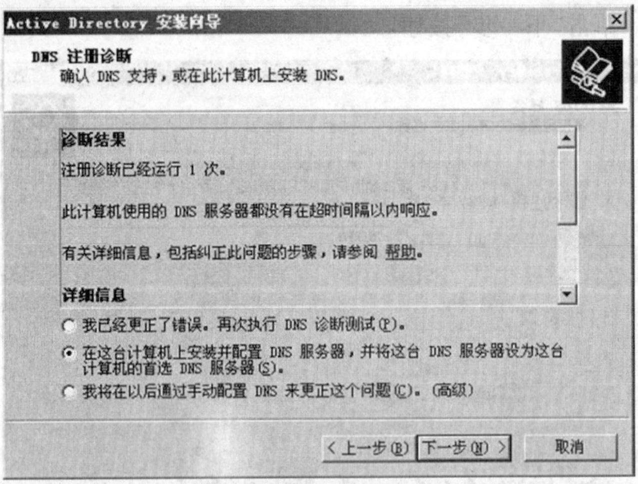

图 2-25

(13)弹出“权限”窗口,选择“只与 Windows 2000 或 Windows Server 2003 操作系统兼容的权限”选项,单击“下一步”按钮。

(14)弹出如图 2-26 所示“目录服务还原模式的管理员密码”窗口。目录还原时不在 Windows 状态下,而是在“目录服务还原模式”状态下,需要输入单独的密码才能进入。该密码和管理员密码可能不同，所以管理员一定要牢记该密码。在“还原模式密码”和“确认密码”文本框中分别输入相同的密码，密码可以为空。单击“下一步”按钮。

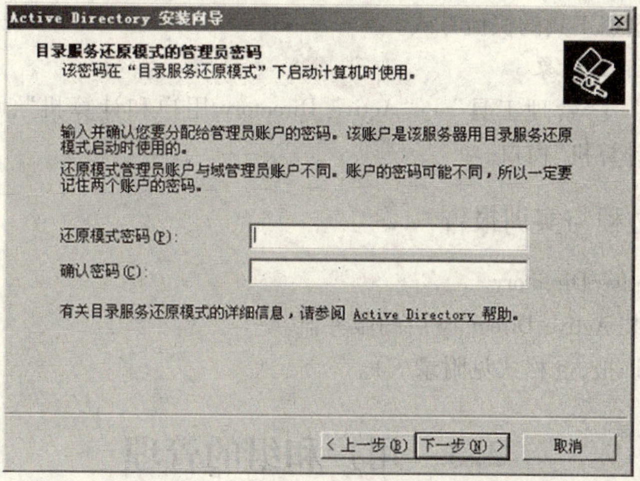

图 2-26

(15)弹出“摘要”窗口，列出前面所有的配置信息，如果觉得哪些配置有错误，可以单击“上一步”按钮返回检查并修改。如果确认无须更改，可以单击“下一步”按钮开始安装。这个过程需要几分钟或更长的时间，完成后会出现如图 2-27 所示窗口，单击“完成”按钮，至此活动目录安装成功。

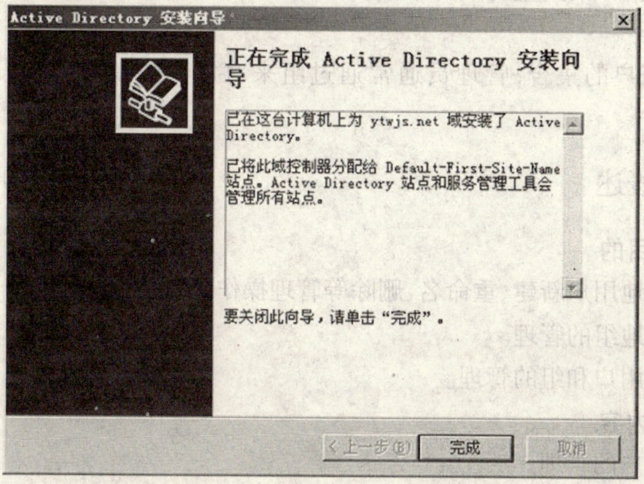

图 2-27

(16)活动目录安装之后，必须重新启动计算机，活动目录才会有效。

2.2.2.2　安装后检查

1. 查看计算机名

在桌面上右键单击“我的电脑”，在弹出的快捷菜单中选择“属性”选项，再选择“计算机名”选项卡，可以看到计算机已经成为域控制器。

2. 查看管理工具

活动目录安装之后,会添加一系列的活动目录管理工具。执行"开始"→"管理工具"命令,可以看到这些工具的快捷方式。

3. 查看活动目录对象

单击"开始"→"管理工具"→"Active Directory 用户和计算机",可以打开"Active Directory用户和计算机"窗口。

2.2.3 实训过程与实训报告

(1)安装 Active Directory。

(2)检查安装 Active Directory 后的服务器。

(3)填写实训报告(格式见附录三)。

2.3 用户和组的管理

Windows Server 2003 通过建立账户并赋予账户合法的权限来保证使用网络和计算机资源的合法性,从而保证数据集访问、存储和交换的安全性。

用户账户是计算机的基本安全组件,每个用户都需要有一个账户,以便登录到域访问网络资源或登录到某台计算机访问该机上的资源。用户的账户类型有域账户、本地账户和内置账户。域账户用来登录网络,本地账户用来登录到某台计算机,内置账户用来对计算机进行管理。

组是用户账户的集合,管理员通常通过组来对用户的权限进行设置,从而简化了管理。

2.3.1 实训概述

2.3.1.1 学习目的

(1)掌握本地用户新建、重命名、删除等管理操作。

(2)掌握本地组的管理。

(3)掌握域用户和组的管理。

2.3.1.2 主要内容

(1)本地用户的管理。

(2)本地组的管理。

(3)域用户账户的管理。

(4)域组账户的管理。

2.3.1.3 实训理论要求

(1)了解用户的分类。

(2)了解组的作用。

(3)掌握用户和组的管理操作。

2.3.2 实训步骤

2.3.2.1 本地用户账户管理

1. 创建本地用户账户

选择“开始”→“管理工具”→“计算机管理”命令，打开“计算机管理”对话框。展开“本地用户和组”，再右键单击“用户”，在弹出的菜单中选择“新用户”，如图 2-28 所示。打开“新用户”对话框后，输入用户名、全名、描述和密码，并根据需要设置密码选项，如图 2-29 所示，单击“创建”按钮，即可创建一个本地用户账户。

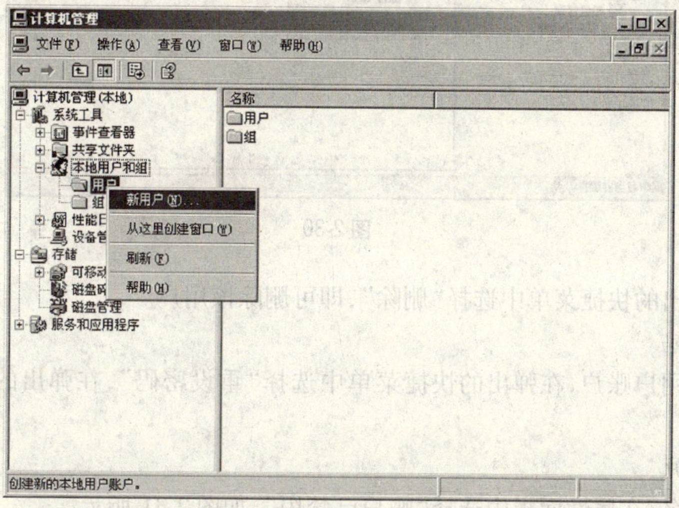

图 2-28

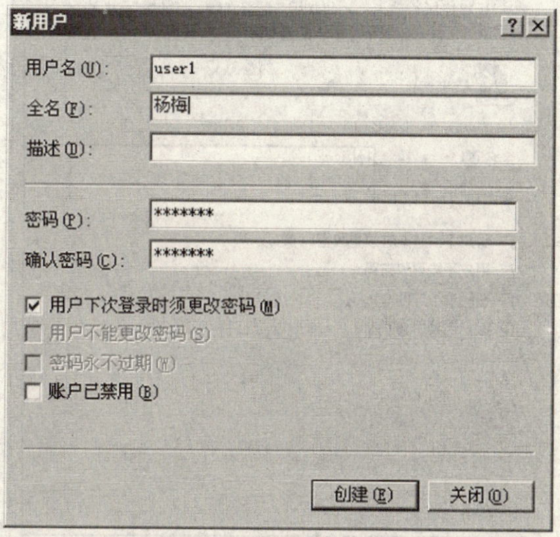

图 2-29

2. 更改、删除用户

在用户账户上单击鼠标右键，在弹出的快捷菜单中选择“重命名”，即可修改用户名，如图 2-30 所示。

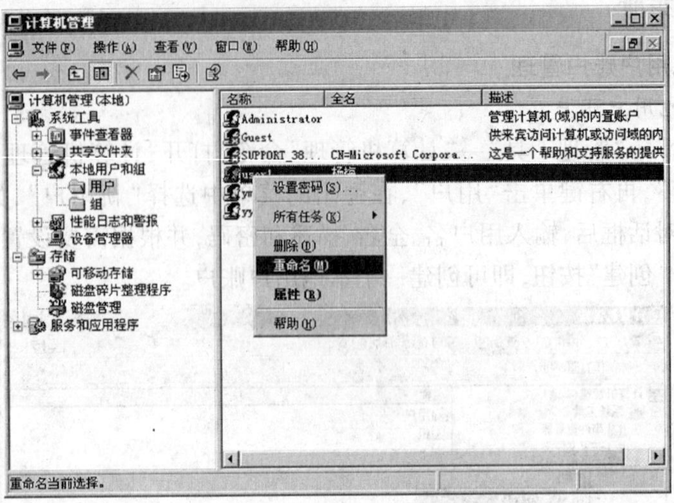

图 2-30

如果在弹出的快捷菜单中选择“删除”,即可删除该用户。

3. 更改密码

右键单击用户账户,在弹出的快捷菜单中选择“重设密码”,在弹出的窗口中输入新密码。

4. 禁用账户

双击用户名,在属性面板中选择“账户已禁用”,如图 2-31 所示。

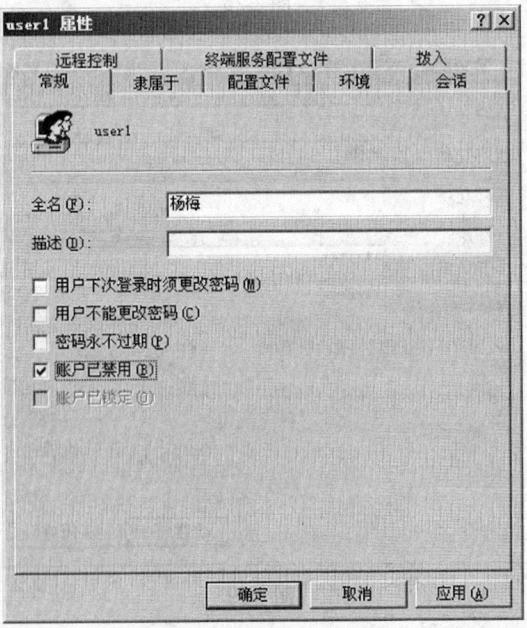

图 2-31

2.3.2.2 本地组的管理

选择“开始”→“管理工具”→“计算机管理”命令，打开“计算机管理”对话框。右击“组”文件夹，从快捷菜单中选择“新建组”，如图2-32所示。在打开的“新建组”对话框中，输入组名和描述，然后单击“添加”向组中添加成员，如图2-33所示。

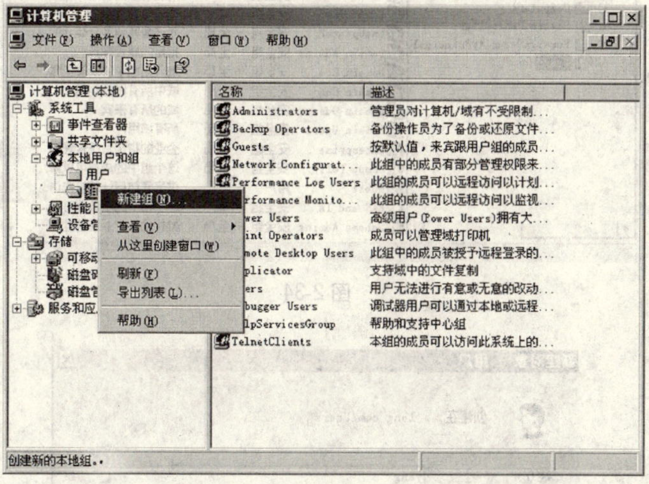

图 2-32

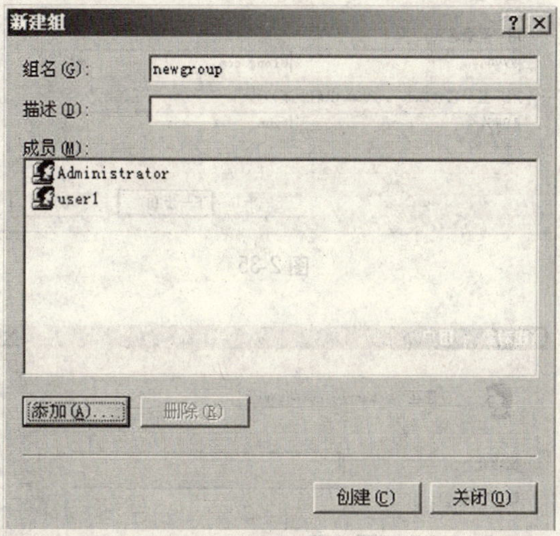

图 2-33

2.3.2.3 域用户账户管理

1. 创建域账户

选择“开始”→“管理工具”→“Active Directory 用户和计算机”，打开“Active Directory 用户和计算机”窗口，如图2-34所示。右键单击“Users”，在弹出的快捷菜单中选择“新建”→“用户”，打开“新建对象－用户”对话框，如图2-35所示，在其中输入姓、名、用户登录名，单击“下一步”。设置用户密码，如图2-36所示。单击“下一步”，查看总结，单击“完成”，在Active Directory中创建了新用户。

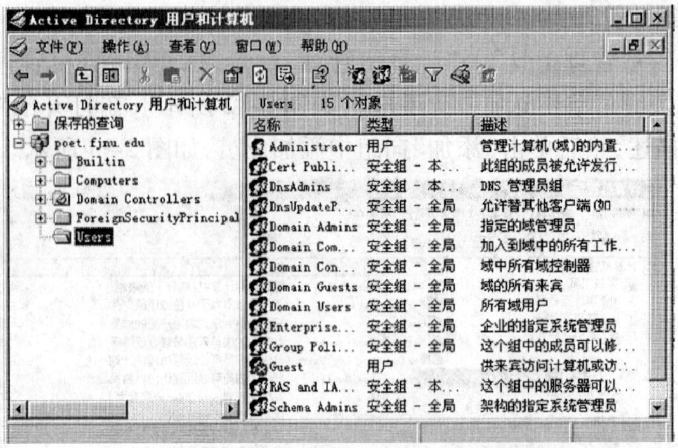

图 2-34

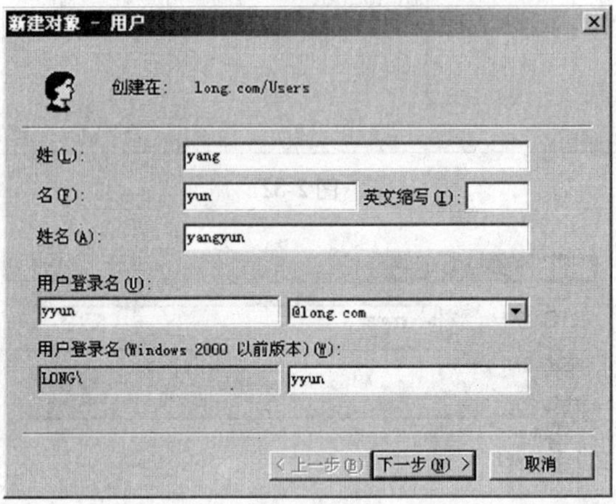

图 2-35

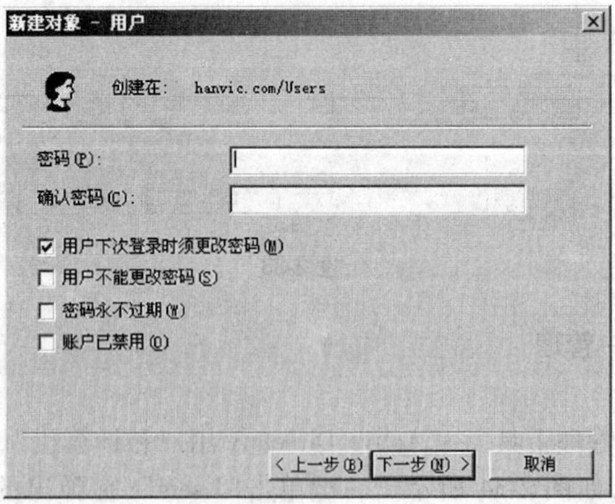

图 2-36

2. 删除域账户

在要删除的域账户上单击鼠标右键，在弹出的快捷菜单中选择“删除”，如图2-37所示。

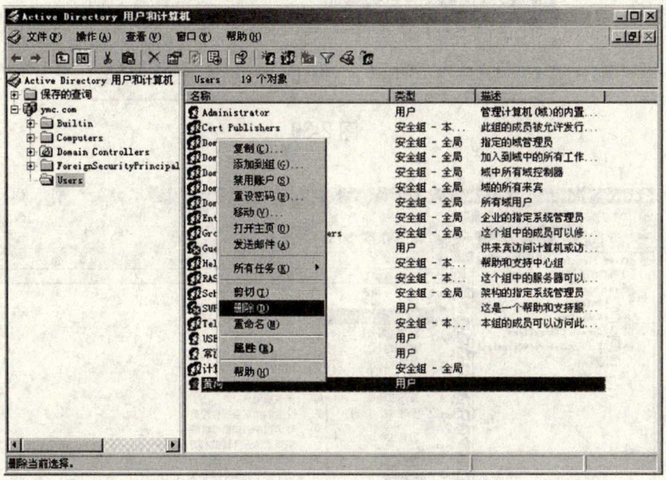

图2-37

3. 重新设定用户密码

在要重新设置密码的域账户上单击鼠标右键，在弹出的快捷菜单中选择“重设密码”，如图2-38所示。在弹出的对话框中输入新密码，如图2-39所示。

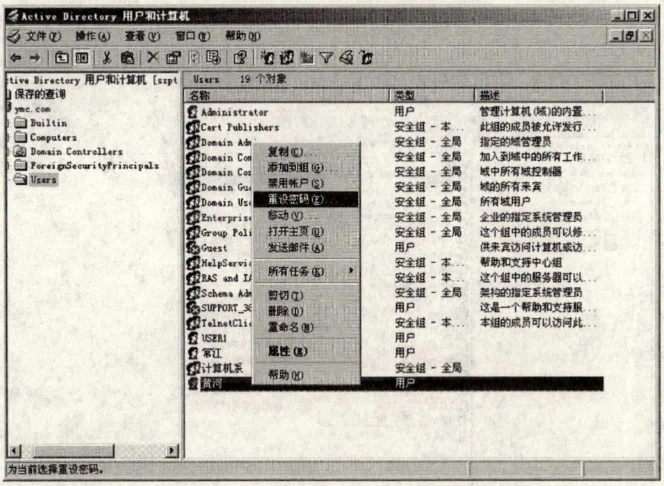

图2-38

4. 复制用户账户

右键单击要进行复制的用户账户，在弹出的菜单中选择“复制”，如图2-40所示，即可复制用户账户。

5. 禁用用户账户

右键单击要禁用的用户账户，在弹出的菜单中选择“禁用账户”，如图2-41所示。

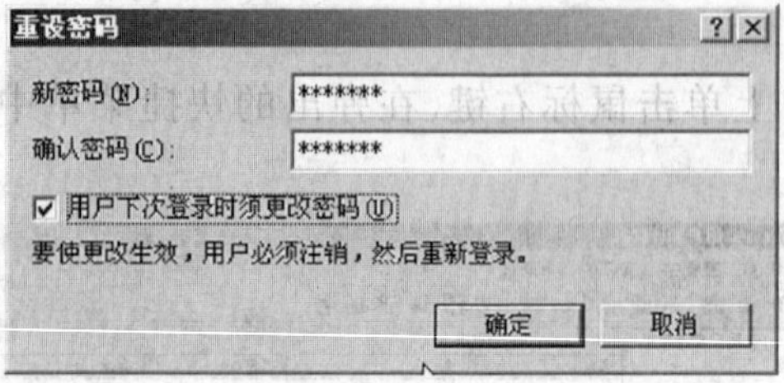

图 2-39

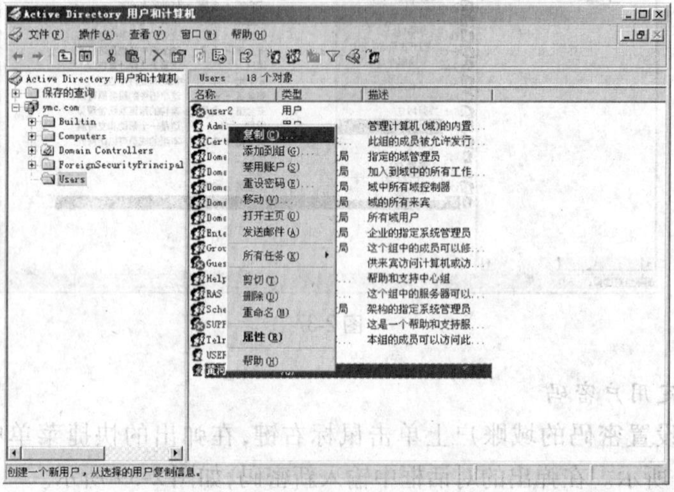

图 2-40

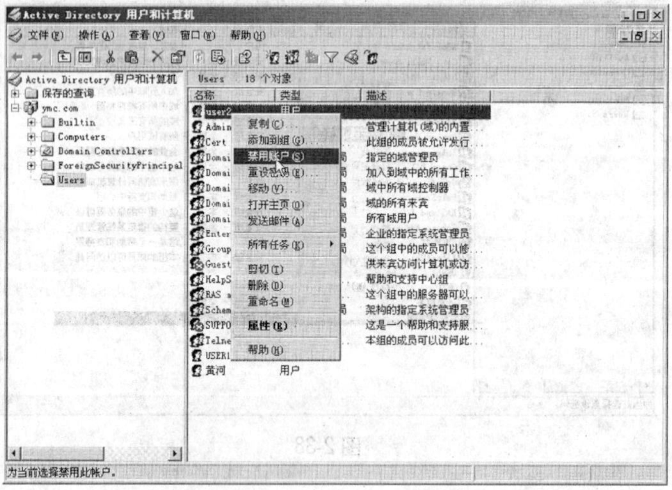

图 2-41

6. 设置域账户属性

双击要设置属性的域账户，打开对话框，如图 2-42 所示，在该对话框中可以设置域账户的属性。

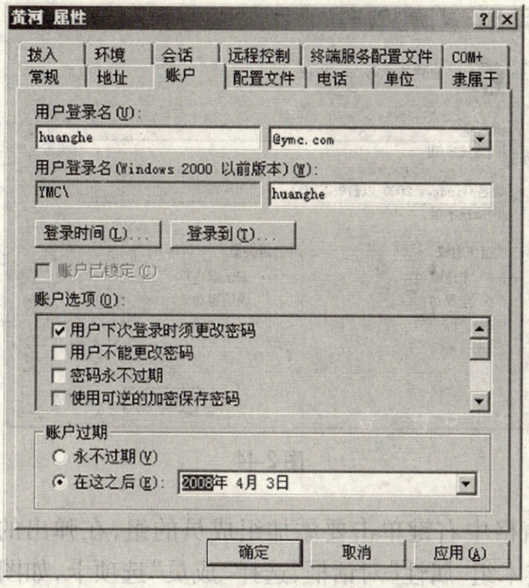

图 2-42

2.3.2.4 域中组的管理

1. 创建域组

选择"开始"→"管理工具"→"Active Directory 用户和计算机",打开"Active Directory 用户和计算机"窗口,右键单击要创建组的组织单位,在弹出菜单中选择"新建"→"组",如图 2-43所示。

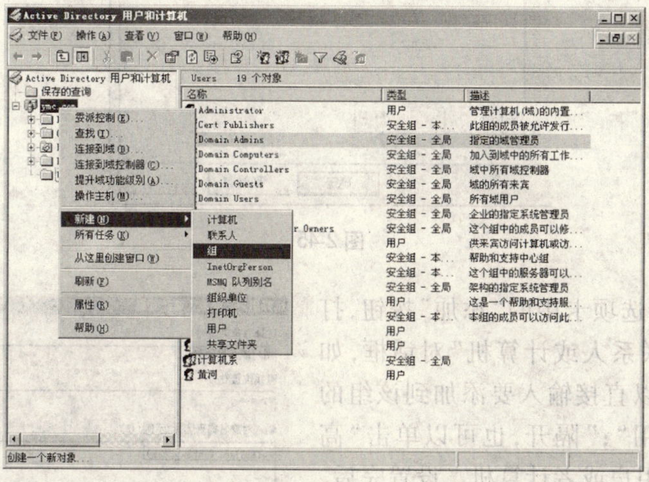

图 2-43

在打开的对话框中输入组的信息,如图 2-44 所示。

2. 为组指定成员

当新建一个组以后,可以为添加成员。选择"开始"→"管理工具"→"Active Directory 用户和计算机",打开"Active Directory 用户和计算机"窗口,展开左侧窗格中的目录树,选

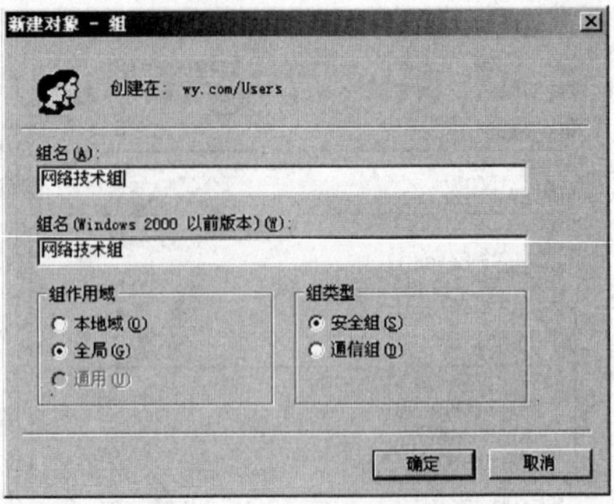

图 2-44

择“Users”选项，在右窗格中右键单击要添加组成员的组，在弹出的快捷菜单中选择“属性”选项，打开“网络技术组 属性”对话框，选择“成员”选项卡，如图 2-45 所示。

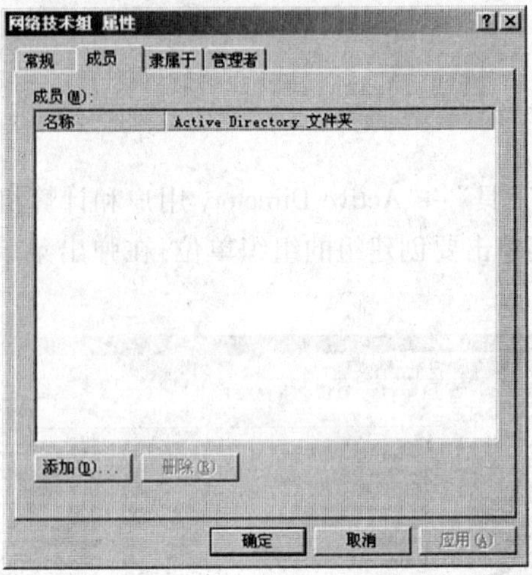

图 2-45

单击“成员”选项卡中的“添加”按钮，打开“选择用户、联系人或计算机”对话框，如图 2-46 所示，可以直接输入要添加到该组的用户，用户之间用“;”隔开，也可以单击“高级”按钮来选择用户或者计算机。设置完后，单击“确定”按钮，返回至“组属性”对话框，所有被选择的计算机和用户被添加至该组。

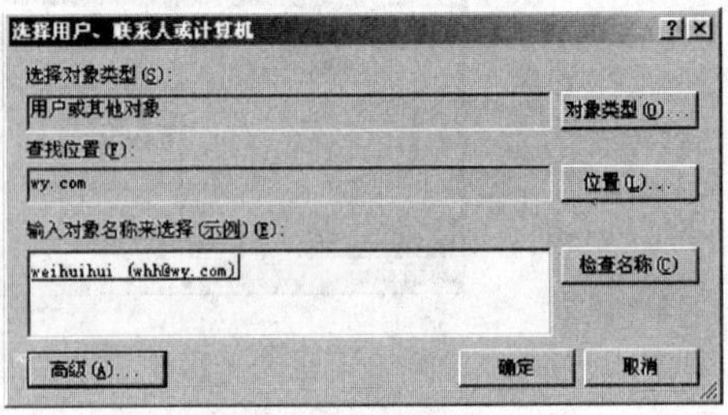

图 2-46

2.3.3 实训过程与实训报告

(1)管理本地用户账户。

(2)管理本地组账户。

(3)管理域用户账户。

(4)管理域组账户。

(5)填写实训报告(格式见附录三)。

2.4　配置 DHCP 服务器

DHCP(Dynamic Host Configuration Protocol,动态主机配置协议),可以自动为局域网中的每一台计算机分配 IP 地址,并完成每台计算机的 TCP/IP 配置,包括 IP 地址、子网掩码、网管,以及 DNS 服务器的配置。DHCP 服务器能够从预先设置的 IP 地址池中自动给主机分配 IP 地址。采用 DHCP 可以帮助我们很容易地完成 IP 地址分配的工作,解决 IP 地址冲突的问题,目前许多局域网都采用这样的办法。

本节将介绍 DHCP 服务器及客户机的配置。

2.4.1　实训概述

2.4.1.1　学习目的

(1)掌握 DHCP 服务器的配置方法。

(2)掌握 DHCP 客户机的配置方法。

(3)掌握测试 DHCP 服务器的方法。

2.4.1.2　主要内容

配置一台 DHCP 服务器,DHCP 服务器的 IP 地址是 192.168.0.1,子网掩码是 255.255.255.0。可分配的 IP 地址范围是 192.168.0.1 至 192.168.0.254,排除范围是 192.168.0.1 至 192.168.0.10,租约期限默认为 8 天。

2.4.1.3　实训理论要求

(1)理解 DHCP 的地址租约过程。

(2)理解 DHCP 分配 IP 地址的过程。

(3)理解 DHCP 租约的更新方法。

(4)掌握 DHCP 服务器的配置方法。

2.4.2　实训步骤

2.4.2.1　安装 DHCP 服务器

要在网络中实现 DHCP 服务器,需要在一台运行 Windows Server 2003 操作系统的计算机上安装 DHCP 服务器。

(1)在添加 DHCP 服务器角色之前,检查服务器的 IP 地址配置是否正确,检查所用的用户账户是否有合适的权限。

(2)在“管理您的服务器”窗口中,单击“添加或删除角色”,如图 2-47 所示。

(3)在“配置您的服务器向导”中,选择“DHCP 服务器”,单击“下一步”,如图 2-48 所示。

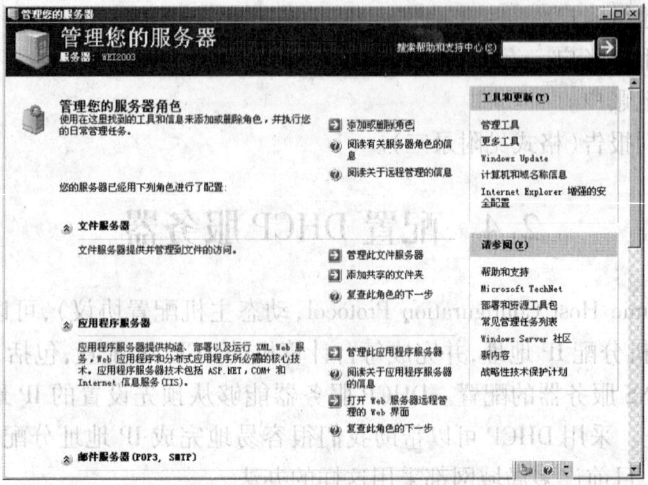

图 2-47

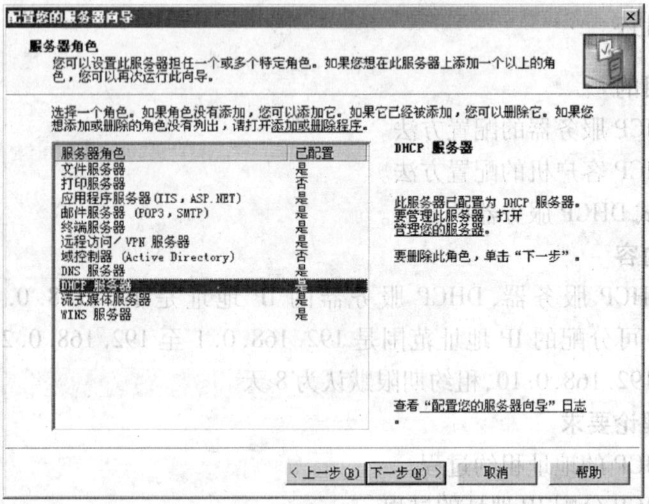

图 2-48

(4)在“新建作用域向导”对话框中，单击“取消”按钮，取消建立作用域的操作。

(5)在“配置您的服务器向导”对话框中，单击“完成”按钮。

2.4.2.2　授权 DHCP 服务器

在安装 DHCP 服务器后，用户必须首先添加一个授权的 DHCP 服务器，并在服务器中添加作用域，设置相应的 IP 地址范围及选项类型，以便 DHCP 客户机在登录到网络时，能够获得 IP 地址租约和相关选项的设置参数。操作步骤如下：

(1)执行菜单命令“开始”→“管理工具”→“DHCP”，打开“DHCP”窗口。

(2)在左窗格中，右键单击“DHCP”图标，在弹出的菜单中选择“管理授权的服务器”，如图 2-49 所示。

(3)在打开的“管理授权的服务器”对话框中，单击“授权”，如图 2-50 所示。添加要授权的服务器的名称或 IP 地址，然后单击“确定”。

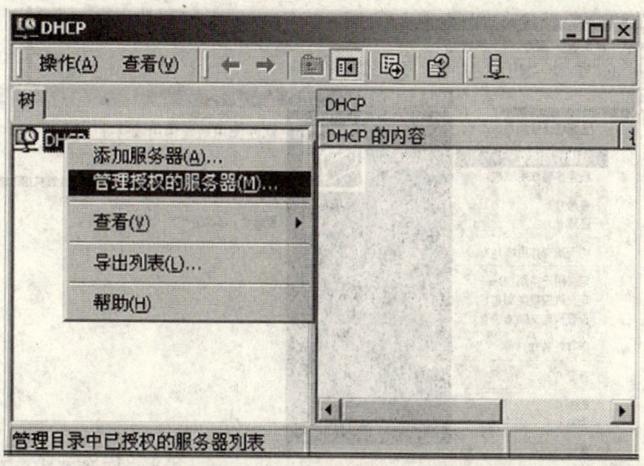

图 2-49

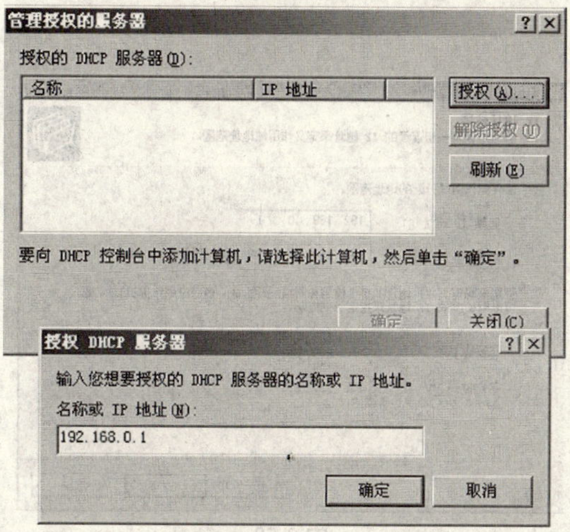

图 2-50

(4)在“确认授权”对话框中，检查服务器的名称和 IP 地址是否正确。然后，单击“确定”，如图 2-51 所示。

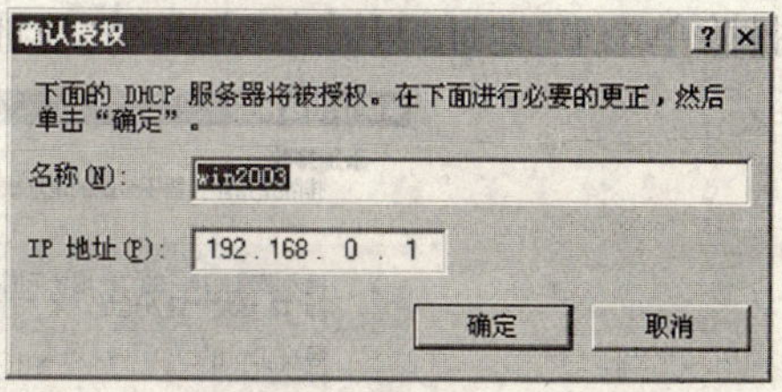

图 2-51

2.4.2.3　配置 DHCP 作用域

每个 DHCP 服务器都需要设置作用域，作用域是指由 DHCP 服务器定义的、可用于分配给客户端计算机的有效 IP 地址范围，也称为 IP 地址池。配置 DHCP 作用域的操作如下：

(1)执行菜单命令“开始”→“管理工具”→“DHCP”，打开“DHCP”窗口。

(2)在树状菜单中点击可用的 DHCP 服务器。

(3)右键单击可用的 DHCP 服务器并在右键菜单中单击“新建作用域”，如图 2-52 所示。

(4)在“新建作用域向导”窗口中单击“下一步”。

(5)在作用域名中输入名称和描述。

(6)在“IP 地址范围”窗口中输入起始 IP 地址、结束 IP 地址和子网掩码，如图 2-53 所

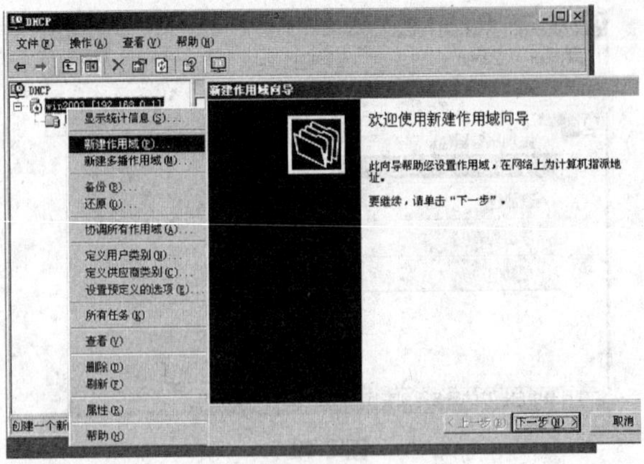

图 2-52

示，然后单击"下一步"。

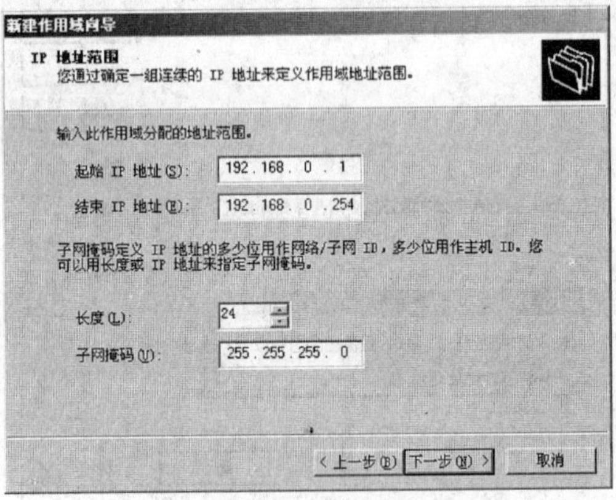

图 2-53

(7)根据实际需要，则在"添加排除"窗口中，配置起始 IP 地址和结束 IP 地址。如果要排除单个 IP 地址，只需在"起始 IP 地址"输入地址，如图 2-54 所示。

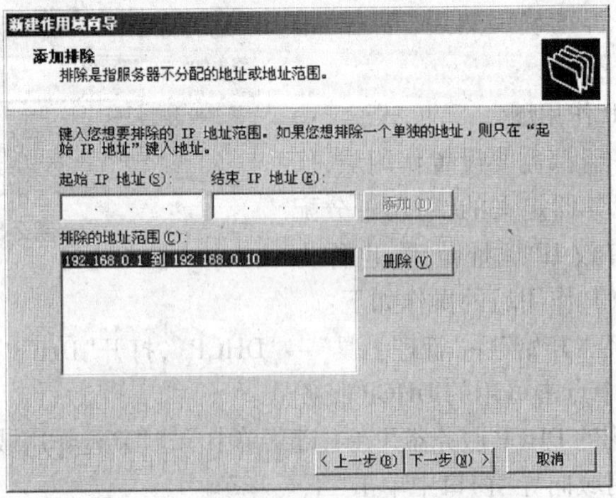

图 2-54

(8)在“租约期限”窗口中设置租约的期限,默认为8天,如图2-55所示。

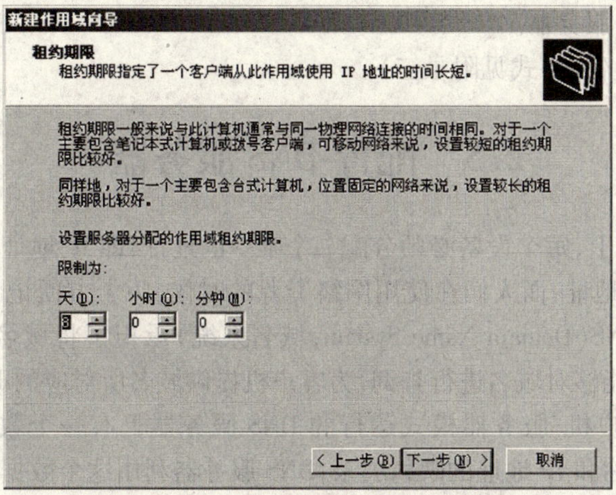

图2-55

(9)在“正在完成新建作用域向导”页面中单击“结束”。

(10)在控制台菜单中,右键单击要激活的作用域,并在右键菜单中单击“激活”,如图2-56所示。

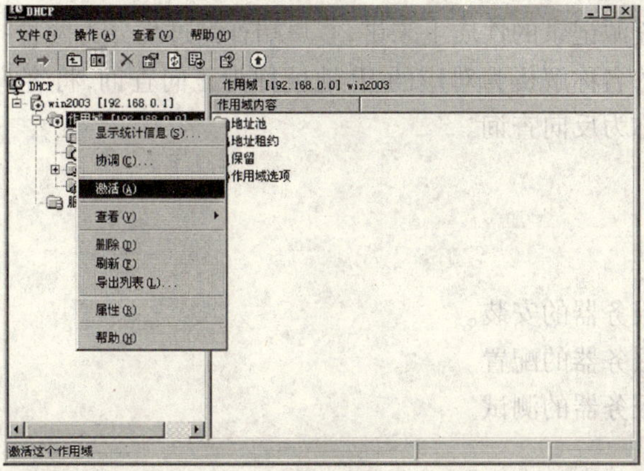

图2-56

2.4.2.4 测试DHCP服务器

将本网内的一台工作站的网络属性设置成“自动获得IP地址”,并让DNS服务器设为“禁用”,网关保持为空。重新启动计算机,然后执行“开始”→“运行”命令,打开“运行”对话框,输入“cmd”,打开“命令”窗口,输入“ipconfig”命令就可以看到各项已分配成功。

2.4.3 实训过程与实训报告

(1)安装DHCP服务器。

(2)授权DHCP服务器。

(3)配置 DHCP 作用域。

(4)测试 DHCP 服务器。

(5)填写实训报告(格式见附录三)。

2.5 配置 DNS 服务器

在 TCP/IP 网络上,每个设备必须分配一个唯一的地址,即 IP 地址。计算机在网络上通信时只能识别 IP 地址,而人们在使用网络资源的时候,为了方便记忆使用域名,比如:www. baidu. com。DNS(Domain Name System,域名系统)承担了将域名转换成 IP 地址的功能。DNS 服务器能够对域名进行查询,为客户机提供域名所对应的 IP 地址。

DNS 是基于客户机/服务器模式运行的 DNS 服务器上有一个数据库,其中保存着 DNS 名称空间中名称和 IP 地址的映射关系,DNS 服务器利用这个数据库为客户端提供名称解析服务,这个数据库在 DNS 中被称为区域。DNS 客户机会向 DNS 服务器发出名称解析的查询请求,以获取有关 DNS 名称空间中 FQDN 名和 IP 地址的映射关系。如果这台 DNS 服务器的数据库不负责存储客户端所查询的名称和 IP 地址的映射关系,这台服务器会向其他的 DNS 服务器发出查询,直到获得客户端请求的名称和 IP 地址的映射关系。

从客户端查询资源记录的性质上来讲,客户端查询过程分为两种:正向查询和反向查询。将客户端请求的名称解析为对应的 IP 地址称为正向查询,将客户端请求的 IP 地址解析为对应的名称称为反向查询。

2.5.1 实训概述

2.5.1.1 学习目的

(1)掌握 DNS 服务器的安装。

(2)掌握 DNS 服务器的配置。

(3)掌握 DNS 服务器的测试。

2.5.1.2 主要内容

在域网中配置一台 DNS 服务器,该服务器的 IP 地址为 192. 168. 1. 2,在 DNS 服务器中设置 IP 地址 192. 168. 1. 2 对应的两个域名:www. benet. com. cn 和 web. benet. com. cn。

2.5.1.3 实训理论要求

(1)理解 DNS 服务器的作用。

(2)理解 DNS 的地址解析过程。

2.5.2 实训步骤

2.5.2.1 安装 DNS 服务器

(1)单击“开始”→“管理工具”→“配置您的服务器向导”,在打开的向导页中单击“下一步”按钮。配置向导自动检测网络连接的设置情况,若没有发现问题,则进入“服务器角色”向导页,如图 2-57 所示。

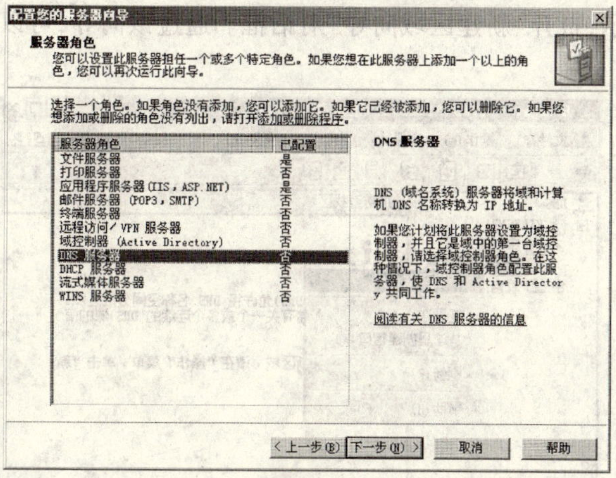

图 2-57

(2)在“服务器角色”列表中单击“DNS 服务器”选项,并单击“下一步”按钮。

(3)向导开始安装 DNS 服务器,并且可能会提示插入 Windows Server 2003 的安装光盘或指定安装源文件,如图 2-58 所示。注意:如果该服务器当前配置为自动获取 IP 地址,则“Windows 组件向导”的“正在配置组件”页面就会提示用户使用静态 IP 地址配置 DNS 服务器。

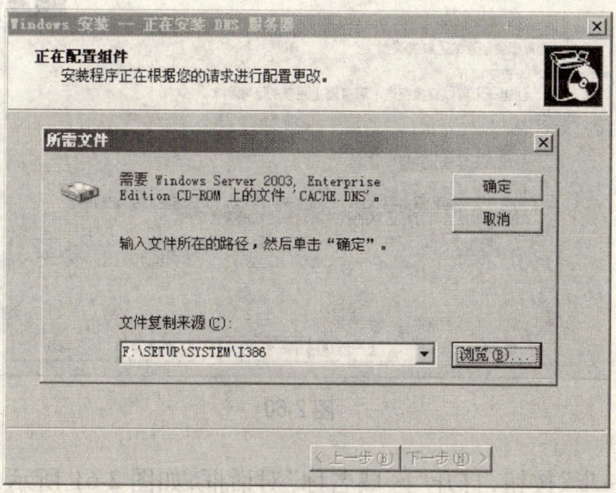

图 2-58

DNS 服务器安装完成以后会自动打开“配置 DNS 服务器向导”对话框,我们这里单击“取消”,不使用向导来配置 DNS 服务器。

2.5.2.2　创建区域

下面设置对应于 IP 地址 192.168.1.2 的两个域名:www.benet.com.cn 和 web.benet.com.cn。

(1)选择“开始”→“程序”→“管理工具”→“DNS”,打开 DNS 控制台窗口。

(2)展开 DNS 服务器目录树,在左侧窗格中右键单击“正向查找区域”,选择“新建区域”，如图 2-59 所示，打开“新建区域向导”对话框。通过该向导，可以添加一个正向查找区域。

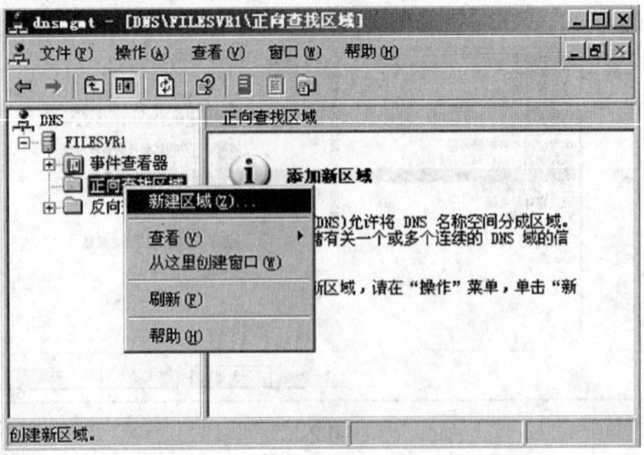

图 2-59

(3)单击“下一步”按钮，打开“区域类型”对话框，如图 2-60 所示。这里选择“主要区域”选项。

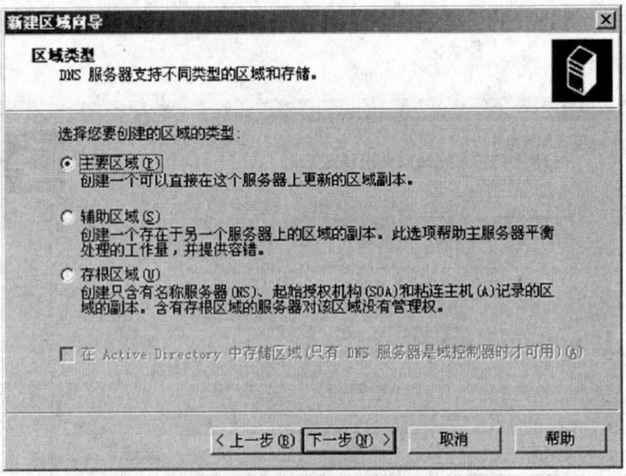

图 2-60

(4)单击“下一步”按钮，打开“区域名称”对话框，如图 2-61 所示，输入区域名称“benet. com. cn”。

(5)单击“下一步”按钮，创建区域文件“benet. com. cn. dns”，如图 2-62 所示。

(6)单击“下一步”按钮，本例选择“不允许动态更新”选项，如图 2-63 所示。

(7)单击“下一步”按钮，打开“新建区域摘要”对话框，单击“完成”按钮，完成区域创建。

2.5.2.3　创建主机记录

(1)单击“开始”→“管理工具”→“DNS”菜单命令，打开 DNS 控制台窗口。

(2)在左窗格中，用鼠标右键单击“benet. com. cn”区域，选择弹出菜单中的“新建主机”命令，打开如图 2-64 所示的对话框。在对话框中输入主机名称“www”和对应的主机

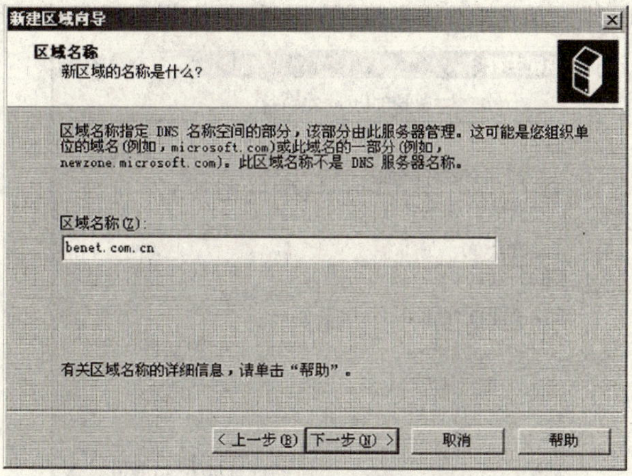

图 2-61

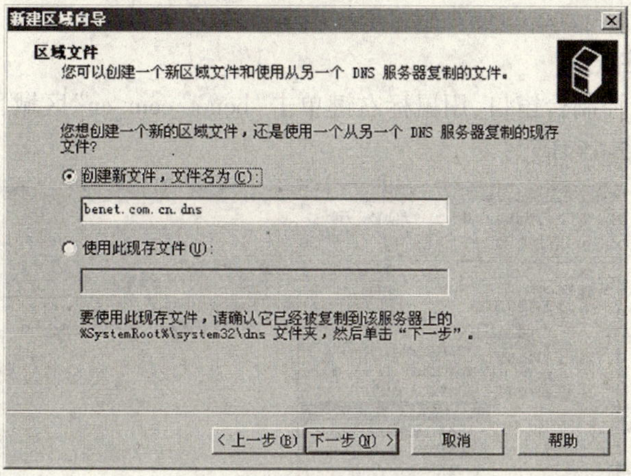

图 2-62

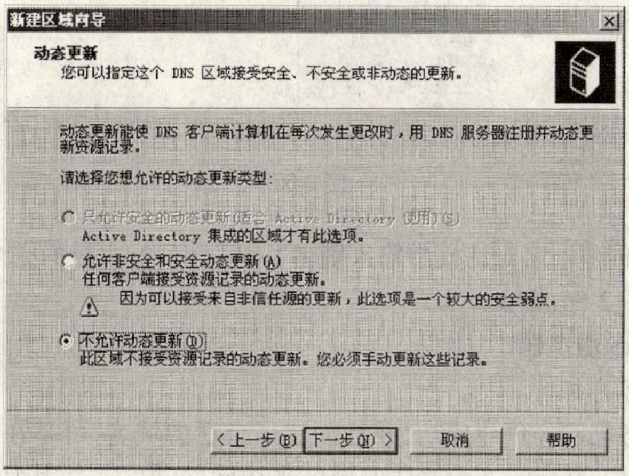

图 2-63

IP 地址“192.168.1.2”。单击“添加主机”按钮后,就会提示已经成功地创建了主机记录。

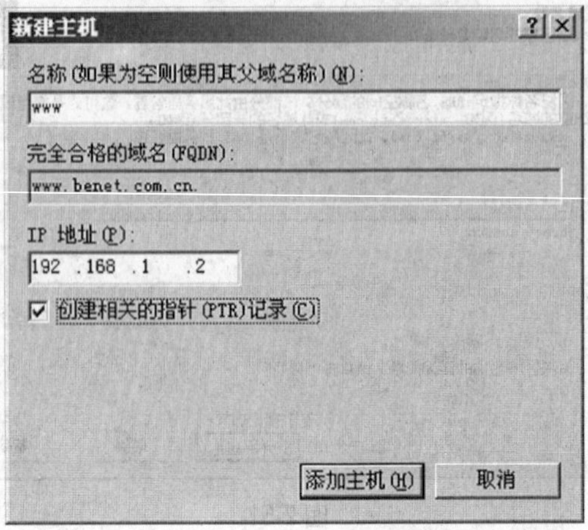

图 2-64

2.5.2.4 创建别名记录

(1)打开 DNS 控制台窗口,用鼠标右键单击“benet.com.cn”区域,选择弹出菜单中的“新建别名”,如图 2-65 所示。

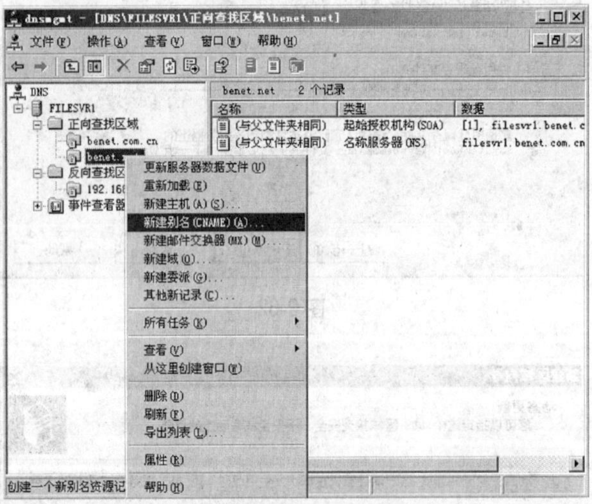

图 2-65

(2)在打开的创建别名对话框中输入别名“web”和目标主机的完全合格的域名 www.benet.com.cn,如图 2-66 所示。

2.5.2.5 测试 DNS 服务器

1. 设置 DNS 客户机

尽管 DNS 服务器已经创建成功,并且创建了合适的域名,可是在客户机的浏览器中却无法使用“www.benet.com.cn”这样的域名来访问网站。这是因为虽然已经有了 DNS 服务器,但客户机并不知道 DNS 服务器在哪里,因此不能识别用户输入的域名。用户必须手动设置 DNS 服务器的 IP 地址才行。在客户机“Internet 协议(TCP/IP)属性”对话框

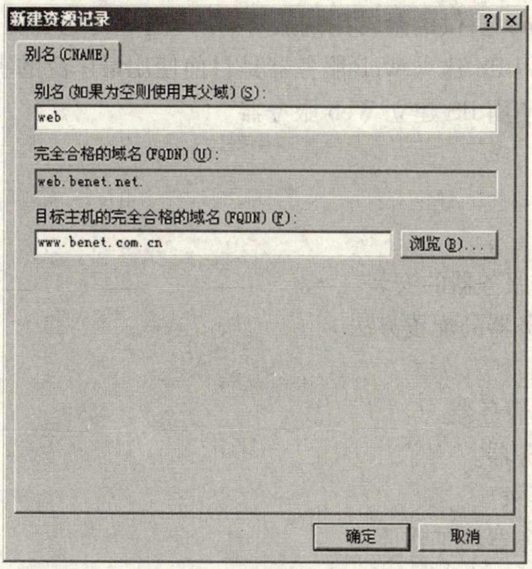

图 2-66

中的“首选 DNS 服务器”编辑框中设置刚刚部署的 DNS 服务器的 IP 地址。

2. DNS 测试

为了测试所进行的设置是否成功，通常采用 Windows Server 2003 自带的 ping 命令来完成，格式为：ping www. benet. com. cn。

2.5.3　实训过程与实训报告

（1）安装 DNS 服务器。

（2）创建区域“benet. com. cn”。

（3）创建主机记录“www”。

（4）创建别名记录“web”。

（5）测试 DNS 服务器。

（6）填写实训报告（格式见附录三）。

2.6　配置 Web 服务器

IIS（Internet Information Server，互联网信息服务）是一种 Web（网页）服务组件，其中包括 Web 服务器、FTP（File Transfer Protocol，文件传输协议）服务器、NNTP（Network News Transport Protocol，网络新闻传输协议）服务器和 SMTP（Simple Mail Transfer Protocol，简单邮件传输协议）服务器，分别用于网页浏览、文件传输、新闻服务和邮件发送等方面，它使得在计算机网络上发布信息成了一件很容易的事。

微软 Windows Server 2003 家族的 IIS 6.0 在网络应用服务器的管理、可用性、可靠性、安全性与可扩展性方面提供了许多新的功能，增强了网络应用的开发与国际性支持，同时提供了可靠的、高效的、完整的网络服务器解决方案。

Web 服务是 Internet 提供的最常用的服务，用户通过访问各类 Web 服务器可以获得丰富的信息资源。利用 IIS 建立 Web 服务器是目前使用最广泛的手段之一。

本节将介绍如何使用 IIS 建立 Web 服务器。

2.6.1　实训概述

2.6.1.1　学习目的

(1)掌握 IIS 信息服务器的安装。

(2)掌握 Web 服务器的配置方法。

2.6.1.2　主要内容

(1)安装 IIS 信息服务器。

(2)配置 Web 服务器。

2.6.1.3　实训理论要求

(1)掌握 Web 服务器的工作原理。

(2)了解 IIS 信息服务器的安装方式。

2.6.2　实训步骤

2.6.2.1　安装 IIS 6.0

一般情况下，Windows Server 2003 服务器没有默认安装 IIS 组件。因此，IIS 6.0 需要另外单独安装。IIS 的安装有两种方法：从“控制面板”对话框中安装；通过“配置您的服务器向导”安装。

下面介绍如何从“控制面板”对话框中安装 IIS。

(1)依次选择“开始”→“设置”→“控制面板”→“添加/删除程序”，如图 2-67 所示。

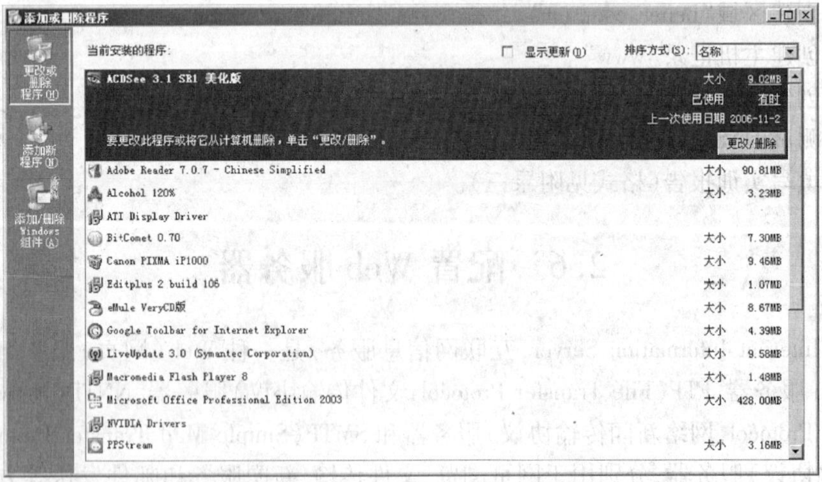

图 2-67

(2)在“添加或删除程序”对话框中选择“添加/删除 Windows 组件”，就会弹出“Windows组件向导”对话框，如图 2-68 所示。

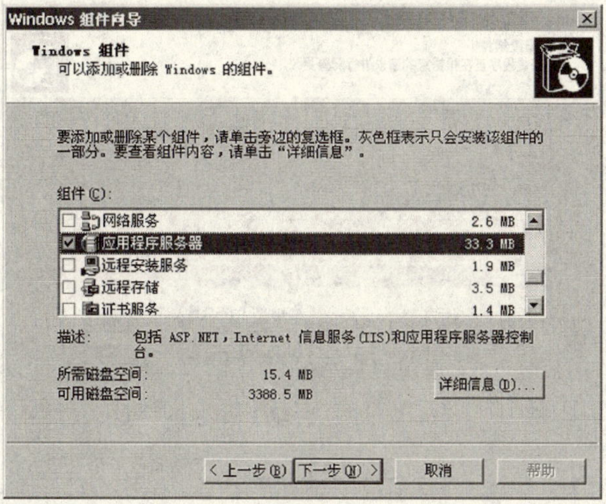

图 2-68

(3)在“Windows 组件向导”对话框中选择“应用程序服务器”，单击“详细信息”，在其中选择“Internet 信息服务(IIS)”，单击“确定”，如图 2-69 所示。

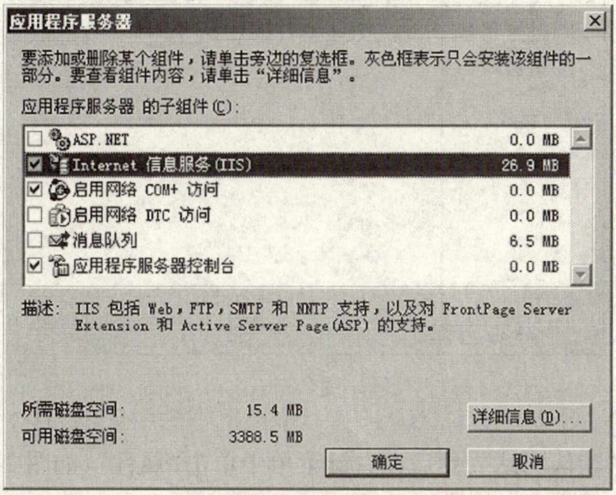

图 2-69

(4)回到图 2-68 所示的“Windows 组件向导”对话框中，单击“下一步”。这时，需要在光驱中放入 Windows Server 2003 的系统安装盘，如图 2-70 所示，即可安装成功。

(5)安装完毕后，依次选择“开始”→“设置”→“控制面板”→“管理工具”→“Internet 信息服务(IIS)管理器”，就会出现如图 2-71 所示的“Internet 信息服务(IIS)管理器”对话框。

2.6.2.2 Web 网站的管理与配置

(1)依次选择“开始”→“设置”→“控制面板”→“管理工具”→“Internet 信息服务(IIS)管理器”，就会出现如图 2-71 所示的“Internet 信息服务(IIS)管理器”对话框，展开“TEST(本地计算机)”(TEST 为服务器的名称)，然后展开“网站”。

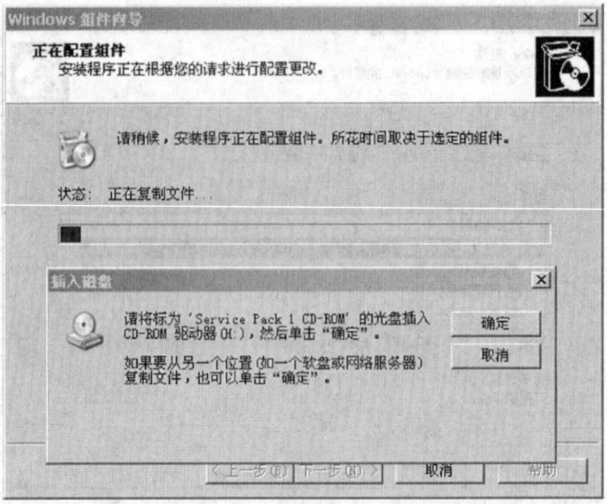

图 2-70

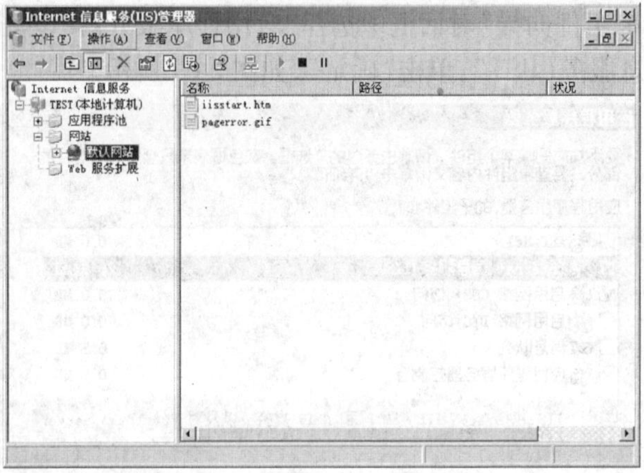

图 2-71

(2)右键单击“默认网站”,然后在右键菜单中单击“属性”,如图 2-72 所示。

(3)单击图 2-72 中的“网站”选项卡。在“描述”一栏中填入发布网站的简单描述“示例网站”。在“IP 地址”一栏中填入已分配计算机的 IP 地址“192.168.1.10”,如图 2-73 所示。

(4)单击“主目录”选项卡,如图 2-74 所示。如果想使用存储在本地计算机上的 Web 内容,则单击“此计算机上的目录”,然后在“本地路径”框中键入想要的路径。例如,默认路径为“C:\inetpub\wwwroot”。如果要使用存储在另一台计算机上的 Web 内容,则单击“另一台计算机上的共享”,然后在显示的网络目录框中键入所需位置;如果要使用存储在另一个 Web 地址的 Web 内容,则单击“重定向到 URL”,然后在“重定向到”框中键入所需位置。在“客户端将定向到”选项卡下,选中相应的复选框。

(5)单击“文档”选项卡,该选项卡用于设置网站的默认启动文档,如图 2-75 所示。如果要使用 example.htm 作为启动文档,就必须添加它。添加方法是:单击“添加”按钮,在“添加默认文档”对话框中键入“example.htm”,单击“确定”按钮。

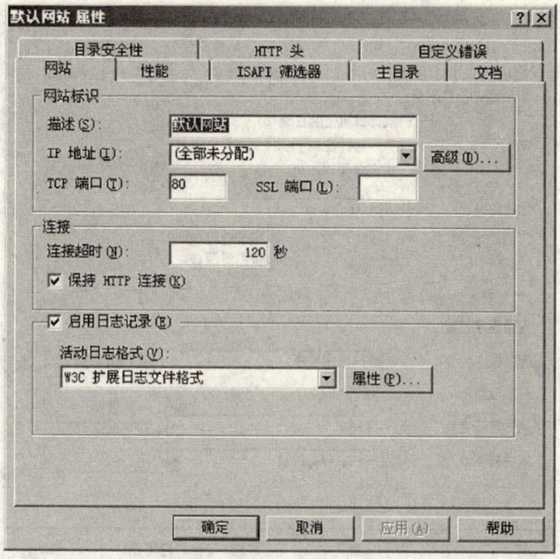

图 2-72

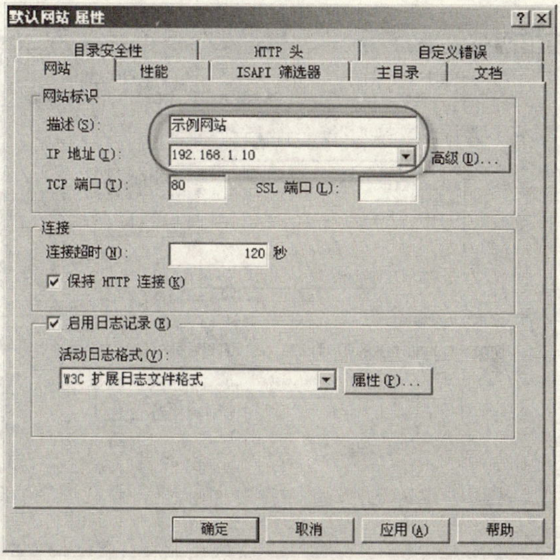

图 2-73

(6)单击“性能”选项卡,该选项卡用于设置影响内存与带宽的使用和 Web 连接数量的属性,如图 2-76 所示。

(7)设置完毕后,单击“确定”按钮,关闭“默认网站”对话框。此时默认 Web 站点已经启动了。需要注意的是,IIS 6.0 最初安装完成后是只支持静态内容的,不能正常显示基于 ASP 的动态 Web 网页内容,因此首先要做的就是打开其动态内容支持功能。在“Internet 信息服务(IIS)管理器”窗口中,点击“Web 服务扩展”,将“Active Server Pages”项启用,单击“允许”,如图 2-77 所示。

现在,该服务器已配置为接受访问“默认网站”的 Web 请求。还可以将“默认网站”

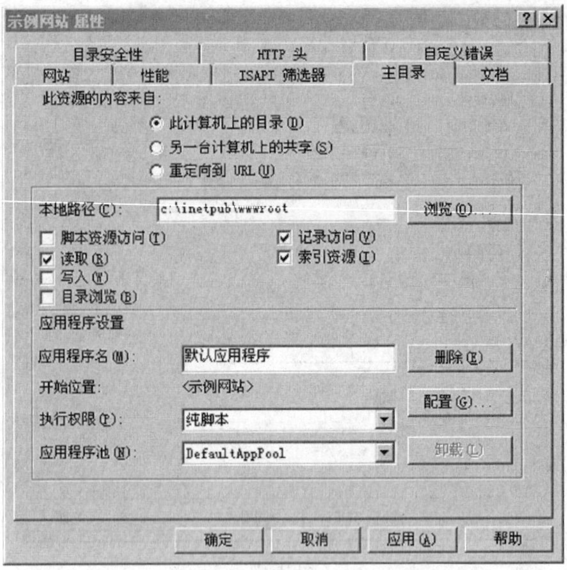

图 2-74

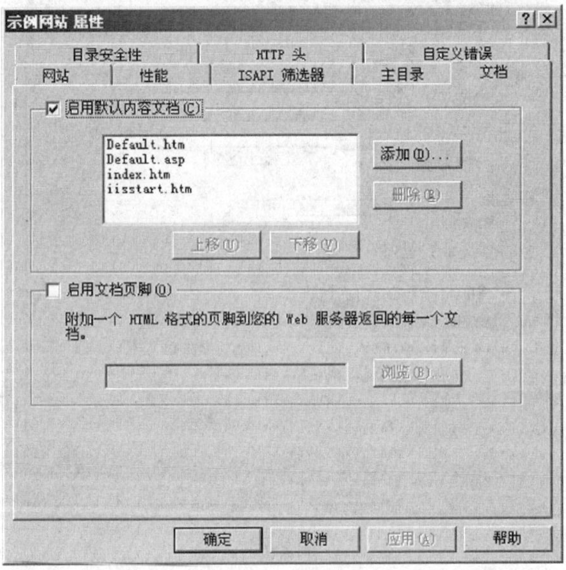

图 2-75

的内容替换为已经建立好的网站内容,或者创建新的 Web 站点。

下面介绍通过新建 Web 站点来发布网站内容。

2.6.2.3　发布网站

现在我们已经制作好一个网站,所有的网站文件存放于“D:\MyWeb”目录中。发布这个网站的操作步骤如下:

(1)依次选择“开始”→“设置”→“控制面板”→“管理工具”→“Internet 信息服务(IIS)管理器”,展开“TEST(本地计算机)”,然后展开“网站”。右键单击“默认网站”,停

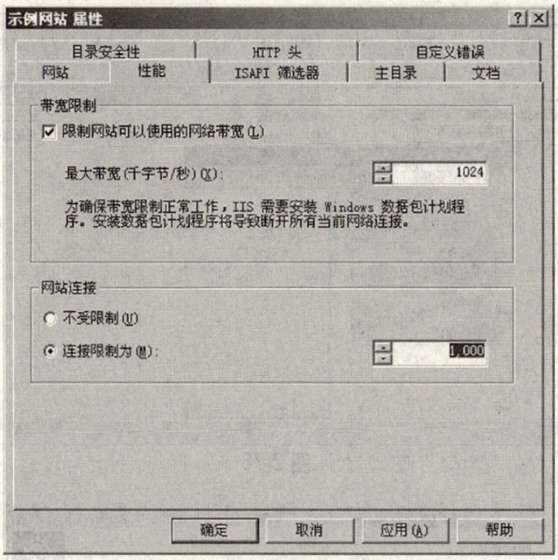

图 2-76

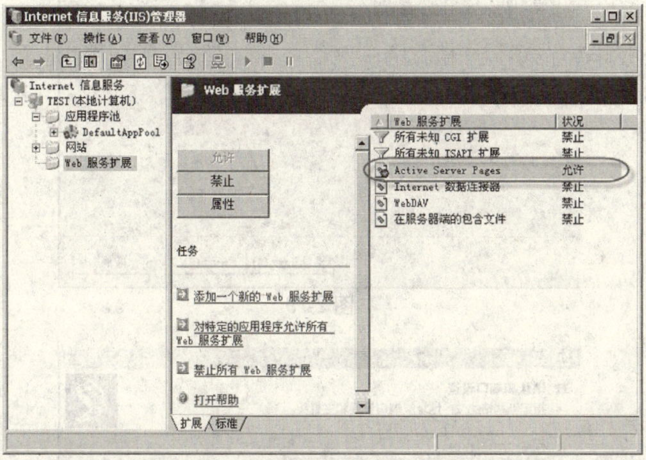

图 2-77

止默认网站的运行，这是因为需要释放示例网站已经占用的 80 号端口。当然，也可以直接将默认网站删除。

(2)在“Internet 信息服务(IIS)管理器”窗口中，右键单击“网站”，依次选择“新建”→“网站”，如图 2-78 所示。

(3)弹出“网站创建向导”对话框，单击“下一步”，在“描述”一栏中，根据实际写入对将要发布的网站的描述。例如，描述为“我的网站”，如图 2-79 所示。

(4)单击“下一步”，进入“IP 地址和端口设置”对话框，在“网站 IP 地址”下拉框中选择分配到的 IP 地址，其他选项使用默认设置即可，如图 2-80 所示。

(5)单击“下一步”，进入“网站主目录”对话框。单击“浏览”，选择已经制作好的网站文件的所在目录，这里为“D:\MyWeb”。根据实际需要，选择是否勾选“允许匿名访问

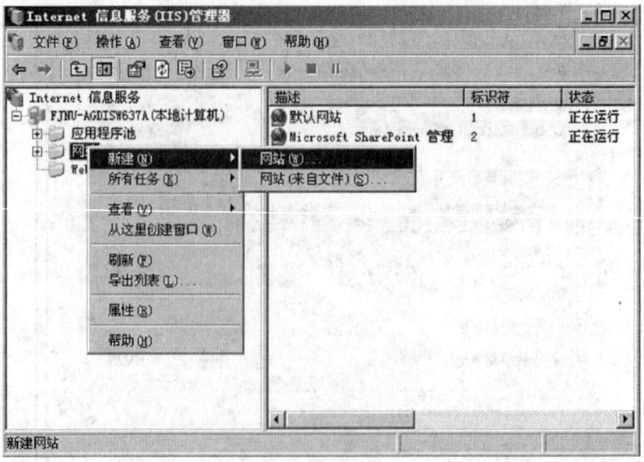

图 2-78

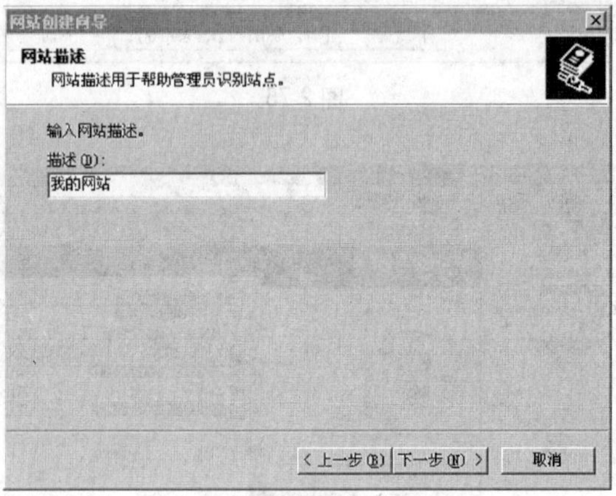

图 2-79

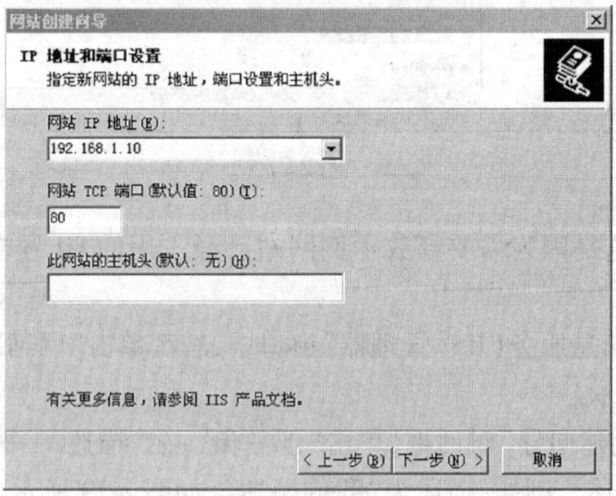

图 2-80

网站”复选框，一般应该选择“允许”，如图 2-81 所示。

(6)单击“下一步”，进入“网站访问权限”窗口，一般采用默认设置即可，如图 2-82 所示。

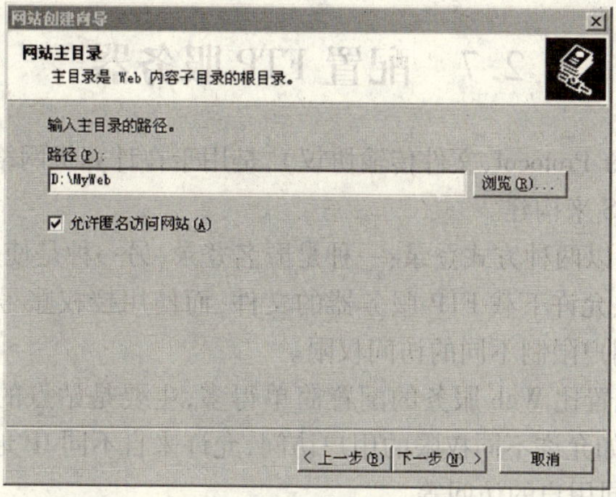

图 2-81

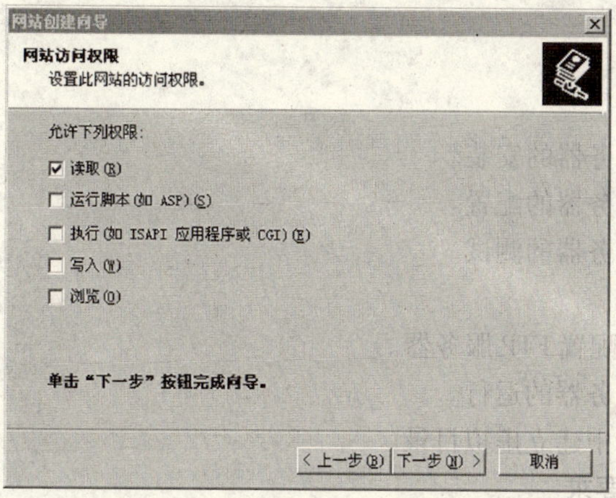

图 2-82

(7)单击“下一步”,进入“已成功完成网站创建向导”窗口,单击“完成”,即完成网站的发布。

2.6.2.4 测试网站

打开 IE 浏览器,在地址栏输入网址(这里为 http://192.168.1.10)访问“我的网站”。如果能打开网站的首页,即表示“我的网站”已经成功发布于网络中。

2.6.3 实训过程与实训报告

(1)安装 IIS 6.0。

(2)管理与配置默认 Web 网站。

(3)发布一个已经建好的网站。

(4)测试网站。

(5)填写实训报告(格式见附录三)。

2.7　配置 FTP 服务器

FTP(File Transfer Protocol,文件传输协议),是用于在计算机网络中传输文件的协议。FTP 服务器可以由 IIS 来构建。

FTP 服务器可以以两种方式登录:一种是匿名登录,另一种是使用授权账号与密码登录。一般匿名登录只允许下载 FTP 服务器的文件,而使用授权账号与密码登录,则需要管理员针对不同的用户限制不同的访问权限。

FTP 服务器的配置比 Web 服务的配置简单得多,主要是站点的安全性设置,包括指定不同的授权用户,如允许不同权限的用户访问,允许来自不同 IP 地址的用户访问,或限制不同 IP 地址的不同用户的访问等。

本节将介绍 FTP 服务器的安装、配置、测试和管理。

2.7.1　实训概述

2.7.1.1　学习目的

(1)掌握 FTP 服务器的安装。

(2)掌握 FTP 服务器的配置。

(3)掌握 FTP 服务器的测试。

2.7.1.2　主要内容

(1)正确安装与配置 FTP 服务器。

(2)测试 FTP 服务器的运行。

(3)在 FTP 站点中建立虚拟目录。

2.7.1.3　实训理论要求

(1)理解 FTP 服务的工作原理。

(2)理解虚拟目录的概念。

(3)掌握 FTP 服务器的安装与配置步骤。

2.7.2　实训步骤

2.7.2.1　安装 FTP 服务器

在默认情况下,Windows Server 2003 服务器没有安装 FTP 服务器,因此 FTP 服务器需要另外单独安装。安装方法如下:

(1)依次选择“开始”→“设置”→“控制面板”→“添加/删除程序”,然后在“Windows 组件向导”对话框中选中“应用服务器”,单击“详细信息”,在“应用服务器”对话框中选中“Internet 信息服务(IIS)”,单击“详细信息”,选中“文件传输协议(FTP)服务”,单击“确定”,如图 2-83 所示。

(2)安装 FTP 组件后,依次选择“开始”→“设置”→“控制面板”→“管理工具”→“Internet信息服务(IIS)管理器”,展开“TEST(本地计算机)”,会发现多出“FTP 站点”一项,如图 2-84 所示。

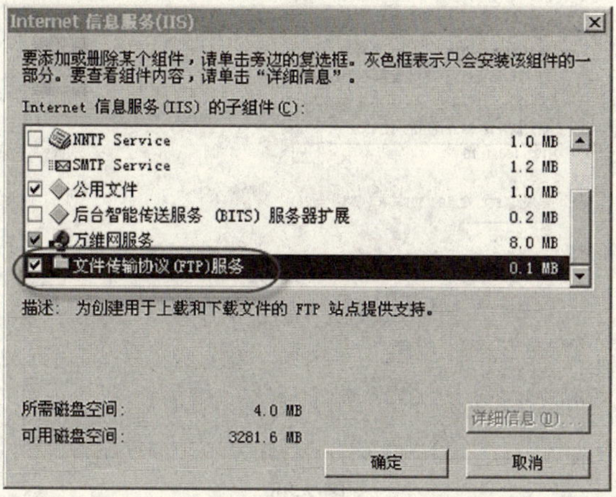

图 2-83

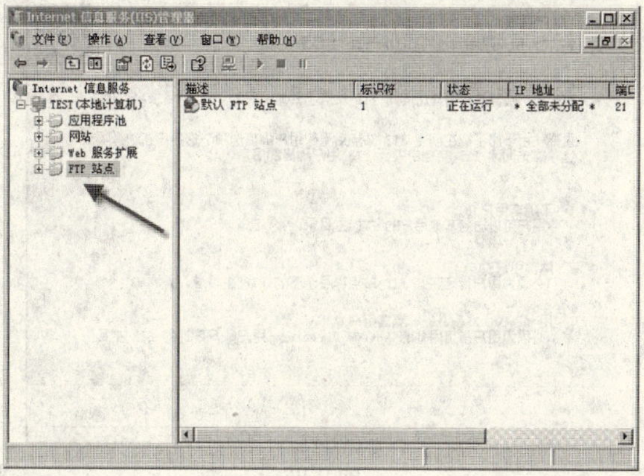

图 2-84

2.7.2.2 创建新的 FTP 站点

(1)打开“Internet 信息服务(IIS)管理器”，展开“TEST(本地计算机)”，用鼠标右键单击“FTP 站点”，从弹出的快捷菜单中依次选择“新建”→“FTP 站点”，打开“欢迎使用 FTP 站点创建向导”对话框，单击“下一步”，弹出“FTP 站点描述”对话框。在“描述”文本框中，根据实际情况输入站点的说明文字，例如输入“FTP 下载站点”，单击“下一步”。

(2)打开“IP 地址和端口设置”对话框，在“输入此 FTP 站点使用的 IP 地址”下拉列表中，选择或者直接输入 IP 地址，并设定 TCP 端口的值为“21”，单击“下一步”，如图 2-85 所示。

(3)打开“FTP 用户隔离”对话框，FTP 用户隔离支持三种隔离模式，每一种模式都会启动不同的隔离和验证等级。根据实际需要选择一种隔离模式，单击“下一步”，这里选择“不隔离用户”，如图 2-86 所示。

(4)弹出“FTP 站点主目录”对话框，在“路径”文本框中输入主目录的路径或者单击“浏览”按钮选择主目录的路径，单击“下一步”，如图 2-87 所示。

(5)打开“FTP 站点访问权限”对话框，FTP 站点只有两种访问权限：读取和写入。前

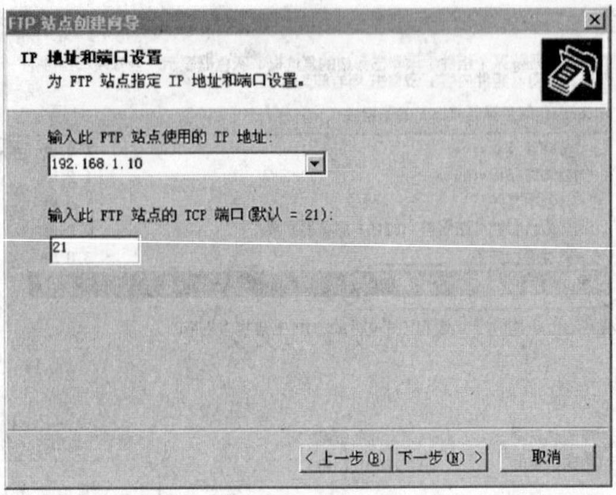

图 2-85

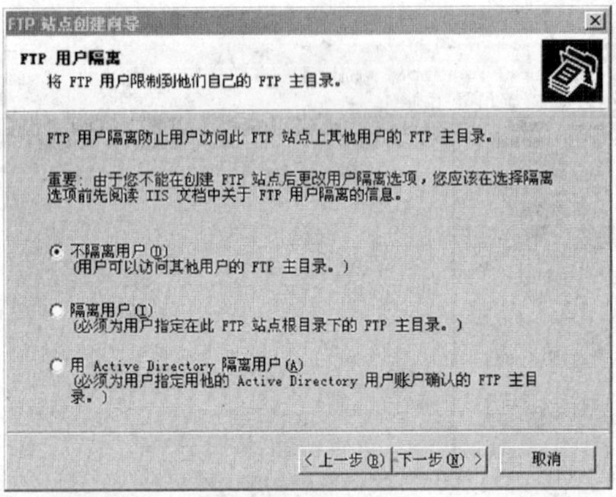

图 2-86

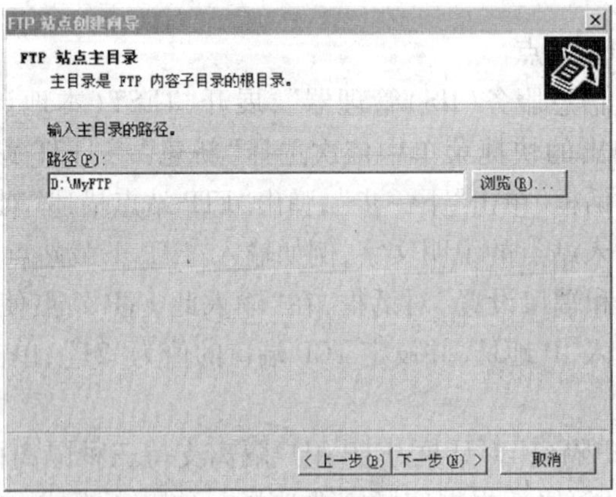

图 2-87

者对应下载权限，后者对应上传权限。根据需要设置完毕后，单击“下一步”，如图 2-88 所示。在最后弹出的对话框中单击“完成”，完成 FTP 站点的创建。

(6)完成“FTP 下载站点”的建立以后，打开“Internet 信息服务(IIS)管理器”，再依次展开"TEST(本地计算机)"、"FTP站点",会出现"FTP下载站点"一项,如图2-89所示。

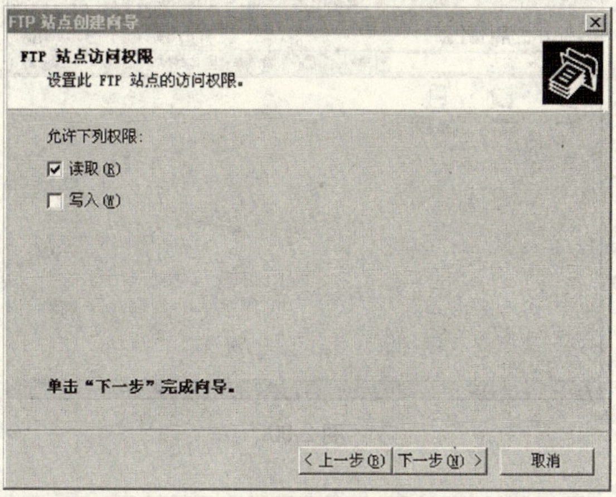

图2-88

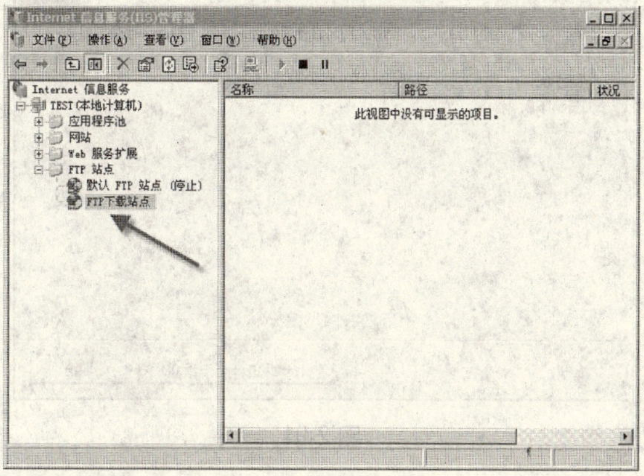

图2-89

2.7.2.3 测试FTP服务器

若测试"FTP下载站点"是否正常运行,可以先打开IE浏览器,在地址栏输入"ftp://192.168.1.10"(FTP服务器的IP地址),检查是否能够访问"FTP下载站点",如图2-90所示,即表示"FTP下载站点"运行正常。

2.7.2.4 创建虚拟目录

使用虚拟目录可以在服务器硬盘上创建多个物理目录,或者引用其他计算机上的主目录,从而为不同的需上传或下载服务的用户提供不同的目录,并且可以为不同的目录分别设置不同的权限。由于用户不知道文件的具体存储位置,故存储更加安全。

创建虚拟目录的操作步骤如下:

(1)用鼠标右键单击要建立虚拟目录的FTP站点,例如右键单击"FTP下载站点",在弹出菜单中选择"新建"→"虚拟目录"。打开"虚拟目录创建向导",单击"下一步",在"虚拟目录别名"对话框中的"别名"文本栏中指定虚拟目录别名(如指定为"资料下载"),单击"下一步",如图2-91所示。

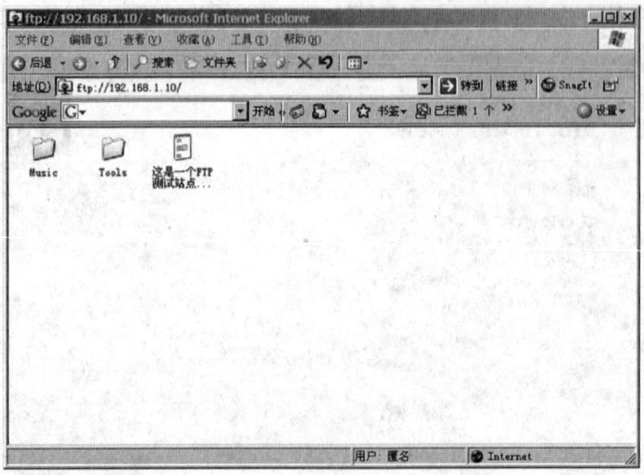

图 2-90

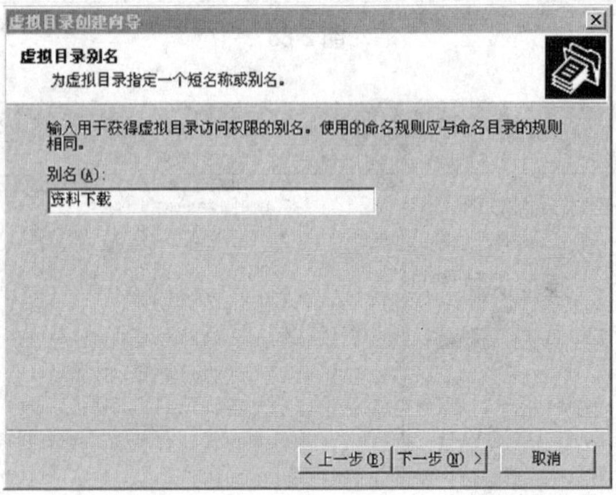

图 2-91

(2)在"FTP 站点内容目录"对话框中,单击"浏览",设定虚拟目录所对应的实际路径,单击"下一步",如图 2-92 所示。

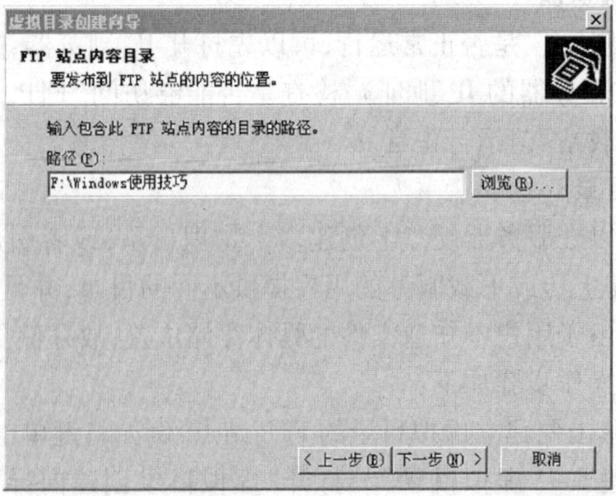

图 2-92

(3)在"FTP 站点访问权限"对话框中,设定虚拟目录允许的用户访问权限,可以选择"读取"或者"写入"权限,单击"下一步",完成虚拟目录的设置。

(4)测试"FTP 下载站点"的"资料下载"虚拟目录是否正常运行。打开 IE 浏览器,在地址栏输入"ftp://192.168.1.10/资料下载/",检查是否能够访问"资料下载"虚拟目录。如果能显示该目录下的文件或者文件夹,即表示"FTP 下载站点"的"资料下载"虚拟目录运行正常。

2.7.3 实训过程与实训报告

(1)安装 FTP 服务器。

(2)创建新的 FTP 站点。

(3)测试 FTP 服务器。

(4)创建虚拟目录。

(5)填写实训报告(格式见附录三)。

2.8 配置 Mail 服务器

Windows Server 2003 操作系统能够提供完整的电子邮件服务,为中小企业的邮件服务提供成本低廉、简单易行的解决方案。

电子邮件系统主要由服务器端和客户端组成。电子邮件的服务器端提供 SMTP(Simple Message Transfer Protocol,简单邮件传输协议)服务和 POP3(Post Office Protocol 3,邮局协议的第三个版本)服务,客户端要安装邮件客户端程序,例如 Outlook Express。SMTP 是 Internet 上使用最多的邮件传送协议。POP3 是标准的邮件接收协议,用来控制客户端和存储邮件的服务器的连接。

默认安装 Windows Server 2003 时,并没有安装 SMTP、POP3 服务器。SMTP 服务器是 IIS 服务器的一个组件,我们可以单独安装 SMTP 服务器,也可以在安装 IIS 的时候,连同 SMTP 服务器一起安装。

2.8.1 实训概述

2.8.1.1 学习目的

(1)安装 POP3 组件。

(2)安装 SMTP 服务组件。

(3)配置 POP3 服务器。

(4)配置 SMTP 服务器。

2.8.1.2 主要内容

安装、配置 SMTP 和 POP3 邮件服务器,并进行邮件服务器的功能测试。

2.8.1.3 实训理论要求

(1)理解 E-mail 服务器的工作原理。

(2)理解 POP3 协议和 SMTP 协议。

2.8.2 实训步骤

2.8.2.1 安装 POP3 组件

(1)以系统管理员身份登录 Windows Server 2003 系统。依次选择"开始"→"设置"→"控制面板"→"添加/删除程序",在弹出的"Windows 组件向导"对话框中选中"电子邮件服务"选项,如图 2-93 所示。

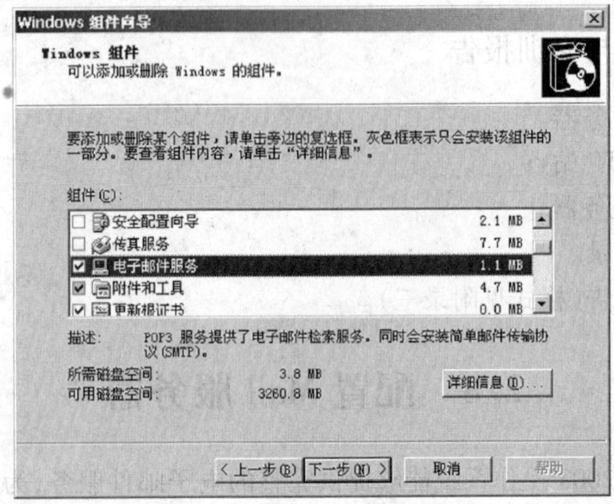

图 2-93

(2)单击图 2-93 中的"详细信息",可以看到"电子邮件服务"对话框包括两部分内容:POP3 服务和 POP3 服务 Web 管理。为方便用户远程以 Web 方式管理邮件服务器,建议选中"POP3 服务 Web 管理",如图 2-94 所示。

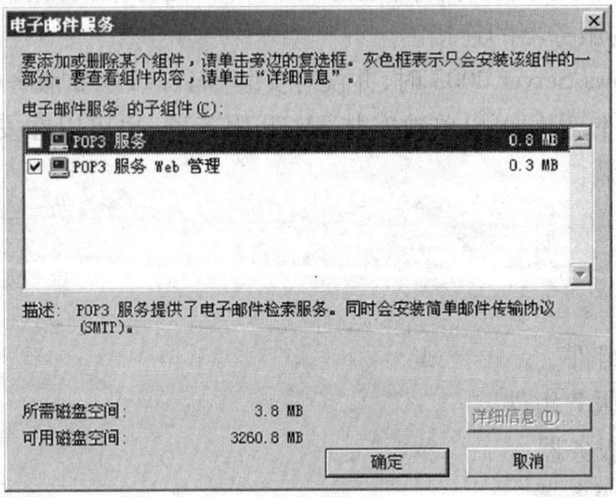

图 2-94

2.8.2.2 安装 SMTP 服务组件

选择"开始"→"设置"→"控制面板"→"添加/删除程序",然后在"Windows 组件向导"对话框中选中"应用服务器"。单击"详细信息",在"应用服务器"对话框中选中"Internet 信息服务(IIS)”,单击“详细信息”,选中“SMTP Service”,单击“确定”,如图 2-95 所示。

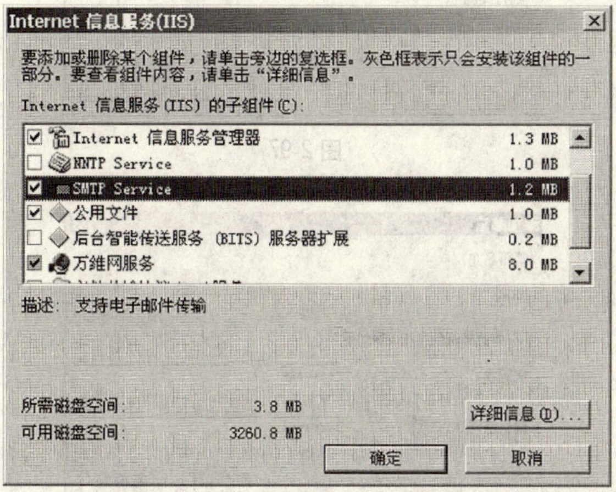

图 2-95

此外,如果用户需要对邮件服务器进行远程 Web 管理,一定要选中“万维网服务”中的“远程管理(HTML)”组件。

2.8.2.3　配置 POP3 服务器

(1)创建邮件域。选择“开始”→“设置”→“控制面板”→“管理工具”→“POP3 服务”,弹出“POP3 服务”窗口,如图 2-96 所示。

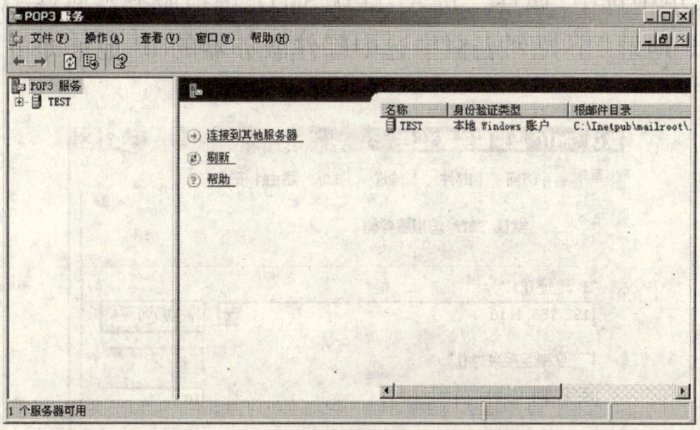

图 2-96

(2)选中左栏中的“POP3 服务”后,展开服务器(这里为 TEST),单击右栏中的“新域”,弹出“添加域”对话框,接着在“域名”栏中输入邮件服务器的域名,也就是邮件地址“@”后面的部分,例如“mail. com”,单击“确定”,如图 2-97 所示。

(3)创建用户邮箱。选中刚才新建的“mail. com”域,在右栏中点击“添加邮箱”,弹出“添加邮箱”对话框,在“邮箱名”栏中输入邮箱用户名,然后设置用户密码,最后单击“确定”,完成邮箱的创建。例如,创建的邮箱名为 Mike@ mail. com,密码为#abc123,如图 2-98 所示。采用同样的方法可以创建多个邮箱。

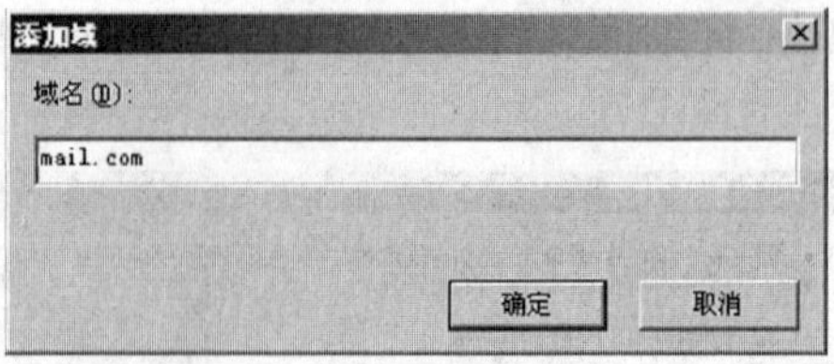

图 2-97

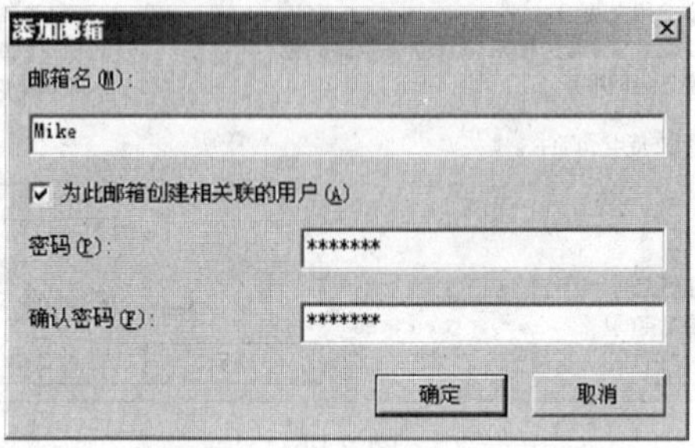

图 2-98

2.8.2.4　配置 SMTP 服务器

完成 POP3 服务器配置后，就可开始配置 SMTP 服务器了。依次选择“开始”→“设置”→“控制面板”→“管理工具”→“Internet 信息服务(IIS)管理器”，展开“TEST(本地计算机)”。在“Internet 信息服务(IIS)管理器”窗口中右键单击“默认 SMTP 虚拟服务器”选项，在弹出的菜单中选中“属性”，进入“默认 SMTP 虚拟服务器属性”对话框。选择“常规”选项卡，在“IP 地址”下拉列表框中选中邮件服务器的 IP 地址即可，单击“确定”，如图 2-99所示。

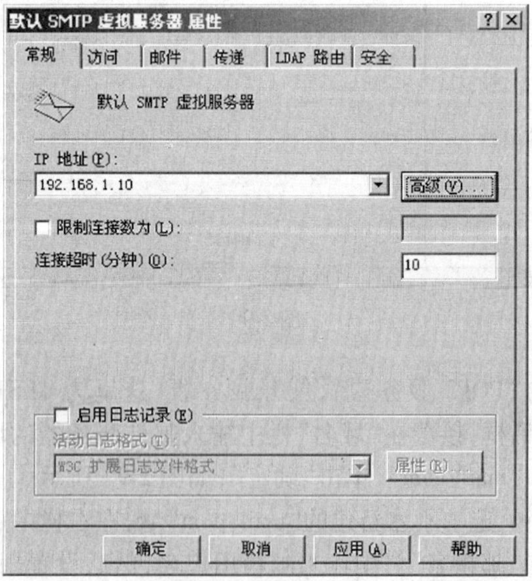

图 2-99

2.8.2.5 Mail 服务器验证

完成以上设置后,用户就可以使用邮件客户端软件连接邮件服务器进行邮件收发工作了,只需在邮件客户端软件的接收邮件服务器 POP3 和发送邮件服务器 SMTP 处输入邮件服务器的 IP 地址即可。例如,使用邮件客户端软件 Outlook Express,如 2-100 所示。到这一步为止,基本的 E-mail 功能已经实现了,可以正常地收发 E-mail。

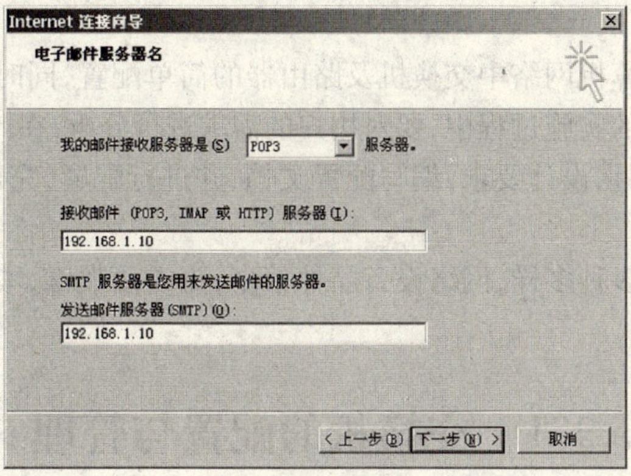

图 2-100

2.8.3 实训过程与实训报告

(1)安装 POP3 组件。

(2)安装 SMTP 服务组件。

(3)配置 POP3 服务器。

(4)配置 SMTP 服务器。

(5)Mail 服务器验证。

(6)填写实训报告(格式见附录三)。

第3章 网络设备的配置与管理

本章主要介绍计算机网络中交换机及路由器的简单配置,同时介绍接入Internet的基本知识。在这一阶段的实施过程中,要对用户的需求进行分析,在此基础上对要组建的网络进行规划与设计,根据设计要求,编写配置文档,并进行配置,完成后,对网络进行测试和验收。

由于用户的需求多种多样,网络设备品种繁多,为方便教学,本章主要介绍网络设备的常见配置。

3.1 交换机的配置与管理

如今各企事业单位、政府机关都会拥有数十台甚至几百台以上的计算机,应用于电子商务、电子政务、内部事务管理、生产和运营等各个环节。如何把办公场所里的所有计算机连接起来,实现资源共享,更好地发挥整体效用,这就需要用到网络设备——局域网交换机。

(1)实训目的:掌握交换机常用的几种配置技术。

(2)主要内容:

①VLAN 技术。

②STP 技术。

③SNMP 技术。

(3)实训理论要求:

①理解 VLAN 的作用与原理。

②理解 STP 的作用与原理。

③理解 SNMP 的作用与原理。

3.1.1 交换机带外管理与交换机的各种配置模式实训

3.1.1.1 实训目的

(1)熟悉普通二层交换机的外观;

(2)了解普通二层交换机各端口的名称和作用;

(3)了解交换机最基本的管理方式——带外管理的方法。

3.1.1.2 应用环境

网络设备的管理方式可以简单地分为带外管理(out - of - band)和带内管理(in - band)两种管理模式。所谓带内管理,是指网络的管理控制信息与用户网络的承载业务信息通过同一个逻辑信道传送,简而言之,就是占用业务带宽;而在带外管理模式中,网络的管理控制信息与用户网络的承载业务信息在不同的逻辑信道传送,也就是设备提供专门用于管理的带宽。

目前很多高端的交换机都带有带外网管接口,使网络管理的带宽和业务带宽完全隔离,互不影响,构成单独的网管网。

通过 Console 口管理是最常用的带外管理方式,通常用户会在首次配置交换机或者无法进行带内管理时使用带外管理方式。带外管理方式也是使用频率最高的管理方式。带外管理的时候,我们可以采用 Windows 操作系统自带的超级终端程序来连接交换机,当然,用户也可以采用自己熟悉的终端程序。

Console 口:也叫配置口,用于接入交换机内部对交换机做配置。

Console 线:交换机包装箱中标配线缆,用于连接 Console 口和配置终端。

3.1.1.3　实训设备

(1)DCS－3926S 交换机 1 台;

(2)PC 机 1 台;

(3)交换机 Console 线 1 根。

3.1.1.4　实训拓扑

将 PC 机的串口和交换机的 Console 口用 Console 线连接,如图 3-1 所示。

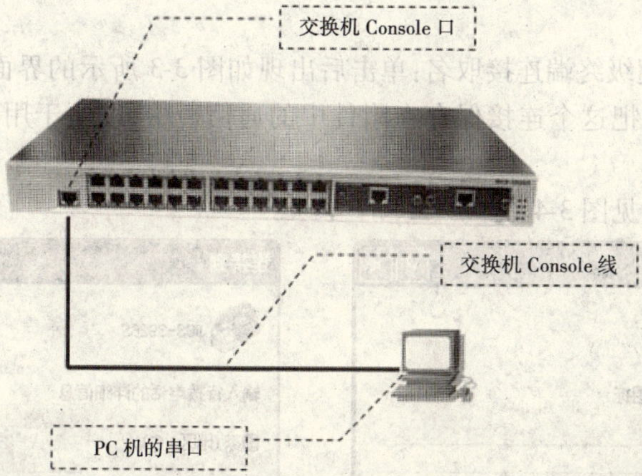

图 3-1　带外管理连接

3.1.1.5　实训要求

(1)正确认识交换机上各端口名称;

(2)熟练掌握使用交换机 Console 线连接交换机的 Console 口和 PC 机的串口;

(3)熟练掌握使用超级终端进入交换机的配置界面。

3.1.1.6　实训步骤

第一步:交换机等设备准备。

0/0/1 中的第一个 0 表示堆叠中的第一台交换机,如果是 1,就表示第二台交换机;第二个 0 表示交换机上的第一个模块(DCS－3926S 交换机有 3 个模块:网络端口模块(M0)、模块 1(M1)、模块 2(M2));最后的 1 表示当前模块上的第一个网络端口。0/0/1 表示用户使用的是堆叠中第一台交换机网络端口模块上的第一个网络端口,如图 3-2 所示。默认情况下,如果不存在堆叠,交换机总会认为自己是第 0 台交换机。

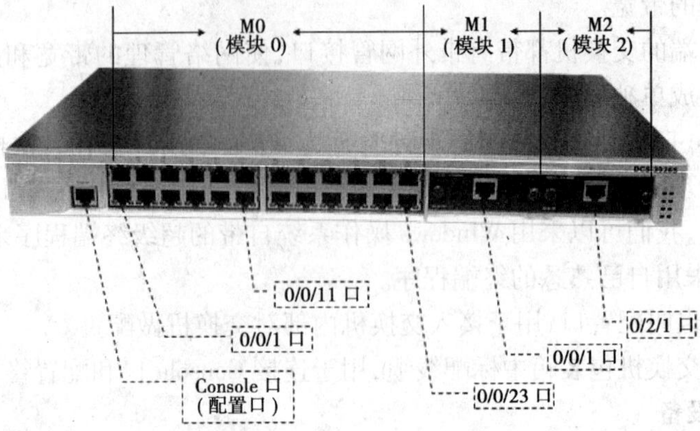

图 3-2　交换机面板

第二步:连接 Console 线。

插 Console 线时注意保护交换机的 Console 口和 PC 机的串口,不要带电拔插。

第三步:使用超级终端连入交换机。

(1)打开 Windows 操作系统,单击“开始”→“所有程序”→“附件”→“通信”→“超级终端”。

(2)为建立的超级终端连接取名:单击后出现如图 3-3 所示的界面,输入新建连接的名称,系统会为用户把这个连接保存在附件中的通信栏中,以便于用户下次使用。单击“确定”按钮。

超级终端启动,见图 3-4。

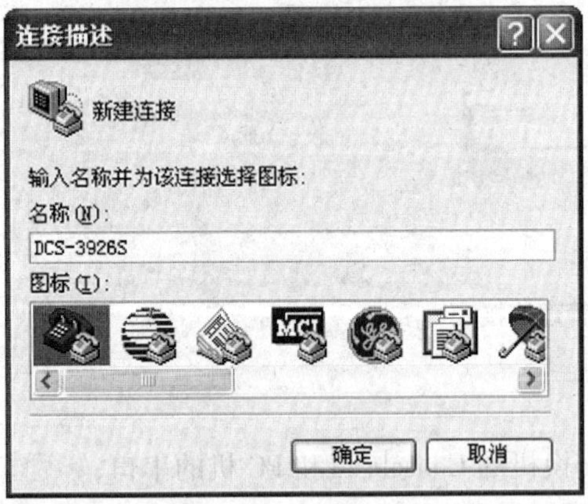

图 3-3　设置名称

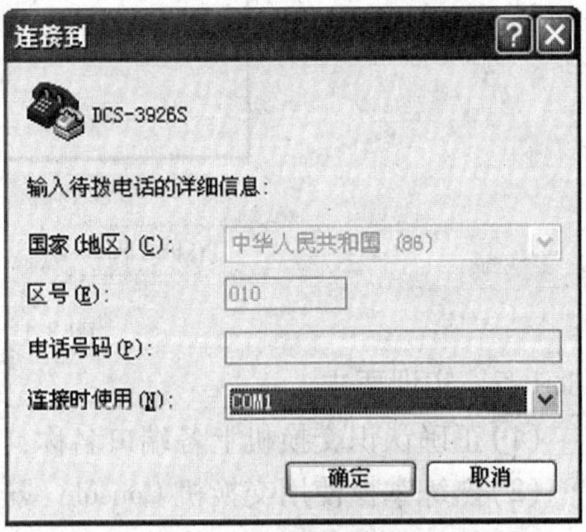

图 3-4　设置连接端口

(3)选择所使用的端口号:第一行的“DCS-3926S”是上一个对话框(见图 3-3)中填入的“名称”,最后一行的“连接时使用”的缺省设置是连接在“COM1”口上,单击下拉菜单,有其他的选项,视用户实际连接的端口而定,如图 3-4 所示。

(4)设置端口属性:单击右下方的“还原默认值”按钮,波特率(每秒位数)为“9600”,数据位为“8”,奇偶校验为“无”,停止位为“1”,数据流控制为“无”,如图 3-5 所示。

(5)如果 PC 的串口与交换机的 Console 口连接正确，点击“确定”，将会看到如图 3-6 所示的界面，表示已经进入了交换机，此时已经可以对交换机输入指令进行查看。

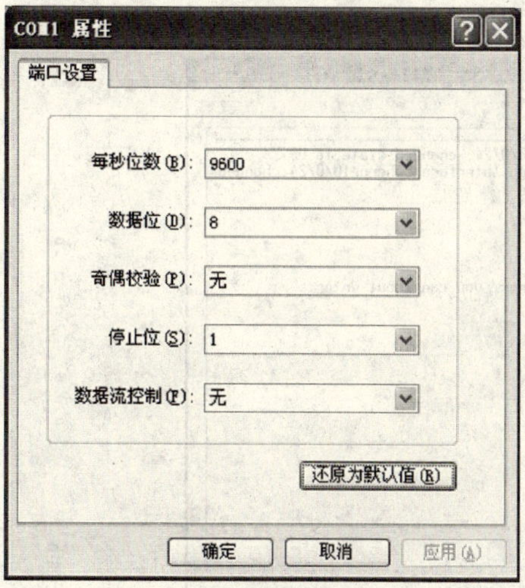

图 3-5　设置端口属性

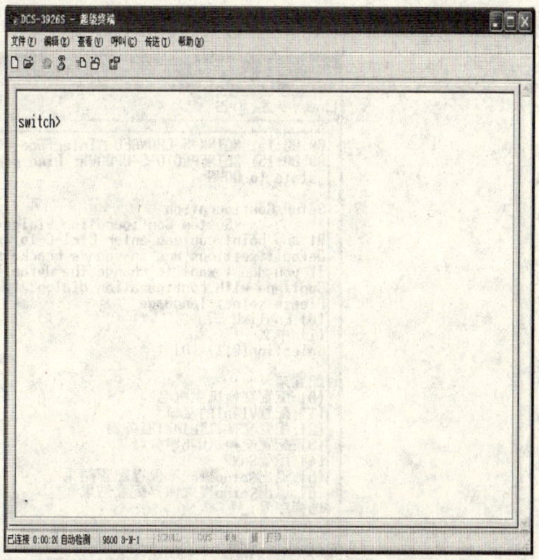

图 3-6　设置交换机 CLI 界面

(6)此时，用户已经成功地进入交换机的配置界面，可以对交换机进行必要的配置。此时，输入 show version，可以查看交换机的软硬件版本信息，如图 3-7 所示。

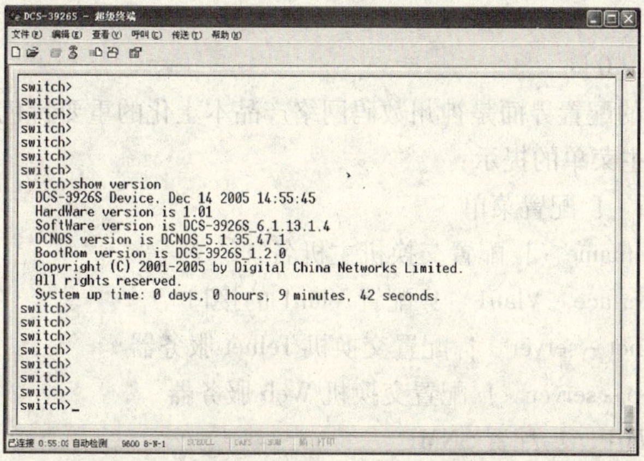

图 3-7　查看交换机的软硬件版本信息

(7)使用 show 命令查看当前配置。

switch > enable　！进入特权配置模式

switch#show running - config

交换机配置方法如下：

第一步：Setup 模式的配置方法。

交换机出厂第一次启动，进入“Setup Configuration”，用户可以选择进入 Setup 模式或者跳过 Setup 模式。

键入“y”，按回车键，就会进入 Setup 模式。

在进入主菜单之前,系统会提示用户选择配置界面的语言种类,对英文不是很熟悉的用户可以选择“1”,进入中文提示的配置界面,如图 3-8 所示。选择“0”,则进入英文提示的配置界面。

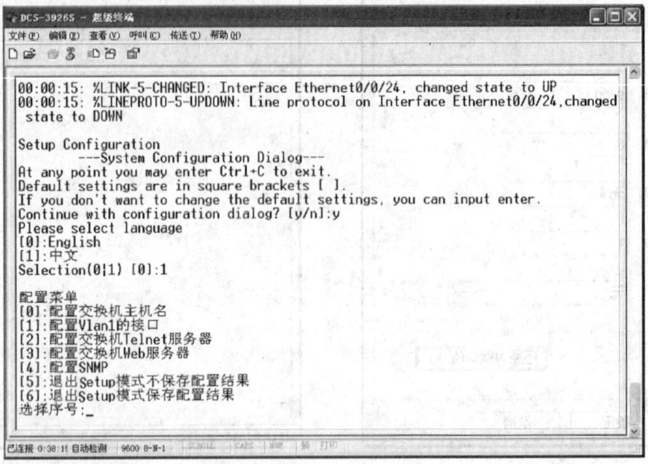

图 3-8　配置界面

Please select language

[0]:English

[1]:中文

Selection(0|1) [0]:

具有中文提示的配置界面是神州数码网络产品本土化的重要特色。

下面是 Setup 主菜单的提示:

Configure menu　！配置菜单

[0]:Config hostname　！配置交换机主机名

[1]:Config interface - Vlan1　！配置 Vlan1 的接口

[2]:Config telnet - server　！配置交换机 Telnet 服务器

[3]:Config web - server　！配置交换机 Web 服务器

[4]:Config SNMP　！配置 SNMP

[5]:Exit setup configuration without saving　！退出 Setup 模式不保存配置结果

[6]:Exit setup configuration after saving　！退出 Setup 模式保存配置结果

Selection number:　！选择序号:

在 Setup 主菜单上选择“5”,退出 Setup 配置模式的同时用户在 Setup 模式下所做的配置均不保留。

在 Setup 主菜单上选择“6”,退出 Setup 配置模式的同时用户在 Setup 模式下所做的配置均保留。如用户在 Setup 配置模式下设置了 IP 地址、打开了 Web 服务,选择“6”退出 Setup 主菜单后,用户就可以通过 PC 对交换机进行 Http 管理配置。

第二步:一般用户配置模式的配置方法。

退出 Setup 模式即进入一般用户配置模式,也可以称为“ > ”模式。该模式的命令比较少,使用"?"命令,显示如图 3-9 所示。

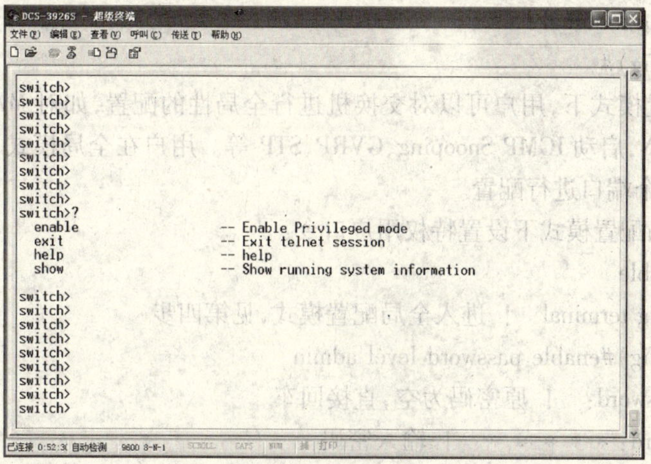

图 3-9　一般用户配置模式

说明在该模式下,只有四个命令可以使用。

第三步:特权用户配置模式的配置方法。

在一般用户配置模式下键入"enable",进入特权用户配置模式,如图 3-10 所示。

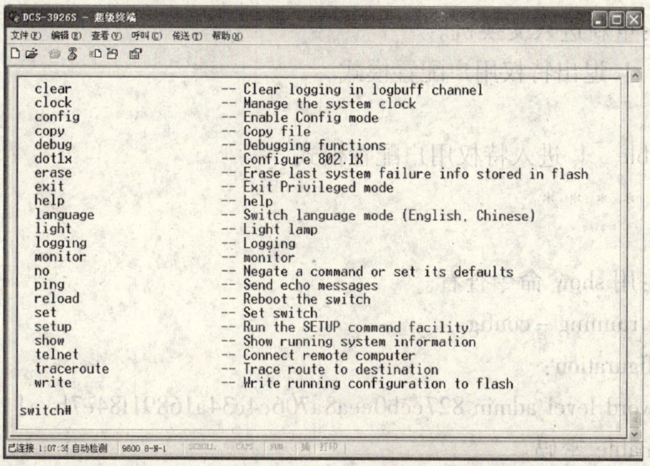

图 3-10　特权用户配置模式

特权用户配置模式的提示符为"#",所以也称为"#"模式。

在特权用户配置模式下,用户可以查询交换机配置信息、各个端口的连接情况、收发数据统计等。而且进入特权用户配置模式后,可以进入全局模式对交换机的各项配置进行修改,因此进行特权用户配置模式必须设置特权用户口令,防止非特权用户非法使用,对交换机配置进行恶意修改,造成不必要的损失。

第四步:全局配置模式的配置方法。

在特权模式下输入"config terminal"或者"config t"或者"config",就可以进入全局配置模式。

全局配置模式也称为"config"模式。

switch#config terminal

switch(Config)#

在全局配置模式下,用户可以对交换机进行全局性的配置,如对 MAC 地址表、端口镜像,创建 VLAN,启动 IGMP Snooping、GVRP、STP 等。用户在全局模式下还可通过命令进入端口,对各个端口进行配置。

下面在全局配置模式下设置特权用户口令:

switch > enable

switch#config terminal　！进入全局配置模式,见第四步

switch(Config)#enable password level admin

Current password:　！原密码为空,直接回车

New password:*****　！输入密码

Confirm new password:*****

switch(Config)#exit

switch#write

switch#

验证配置:

验证方法 1:重新进入交换机。

switch#exit　！退出特权用户配置模式

switch >

switch > enable　！进入特权用户配置模式

Password:*****

switch#

验证方法 2:用 show 命令查看。

switch#show running - config

Current configuration:

enable password level admin 827ccb0eea8a706c4c34a16891f84e7b　！该行显示已经为交换机配置了 enable 密码。

第五步:接口配置模式的配置方法。

switch(Config)#interface ethernet 0/0/1

switch(Config - Ethernet0/0/1)#　！已经进入以太端口 0/0/1 的接口

switch(Config)#interface vlan1

switch(Config - If - Vlan1)#　！已经进入 Vlan1 的接口,也就是 CPU 的接口

第六步:VLAN 配置模式的配置方法。

switch(Config)#vlan100

switch(Config - Vlan100)#

验证配置:

switch(Config - Vlan100)#exit

```
switch(Config)#exit
switch#show vlan
VLAN Name Type Media Ports
------------------------------------------------------
------------------------------------------------------
1 default Static ENET Ethernet0/0/1 Ethernet0/0/2
Ethernet0/0/3 Ethernet0/0/4
Ethernet0/0/5 Ethernet0/0/6
Ethernet0/0/7 Ethernet0/0/8
Ethernet0/0/9 Ethernet0/0/10
Ethernet0/0/11 Ethernet0/0/12
Ethernet0/0/13 Ethernet0/0/14
Ethernet0/0/15 Ethernet0/0/16
Ethernet0/0/17 Ethernet0/0/18
Ethernet0/0/19 Ethernet0/0/20
Ethernet0/0/21 Ethernet0/0/22
Ethernet0/0/23 Ethernet0/0/24
100 VLAN0100 Static ENET
switch#
```

可以看到,已经新增了一个"VLAN0100"的信息。

第七步:实训结束后,取消 enable 密码。

如果不取消 enable 密码,下一批的同学将没有办法做实训。因此,所有自己设定的密码都应该在实训完成之后取消,为后面做实训的同学带来方便,这也是一个网络工程师基本的素质。

```
switch(Config)#no enable password level admin
Input password: * * * * *
switch(Config)#
```

3.1.2 使用 Telnet、Web 方式管理交换机实训

3.1.2.1 实训目的

(1)了解什么是带内管理;

(2)熟练掌握如何使用 Telnet 方式管理交换机。

3.1.2.2 应用环境

学校有 20 台交换机支撑着校园网的运营,这 20 台交换机分别放置在学校的不同位置。网络管理员需要对这 20 台交换机进行管理,由前面学习的知识可知,可以用带外管理的方式也就是通过 Console 口去管理,那么管理员需要带着自己的笔记本电脑,并且带着 Console 线去学校的不同位置去调试每台交换机,十分麻烦。

校园网既然是互联互通的,那么在网络的任何一个信息点都应该能访问其他的信息

点，为什么不通过网络的方式来调试交换机呢？通过 Telnet 方式，管理员可以坐在办公室中调试学校所有的交换机。

Telnet 方式和 Web 方式都是交换机的带内管理方式。

利用带内管理方式可以使连接在交换机中的某些设备具备管理交换机的功能。当交换机的配置出现变更，导致带内管理失效时，必须使用带外管理对交换机进行配置管理。

Web 方式，也叫 Http 方式，它和 Telnet 方式一样都可以使管理员坐在办公室中调试学校所有的交换机。

Web 方式比较简单，如果你不习惯于 CLI 界面的调试，就可以采用 Web 方式调试。主流的调试界面还是 CLI 界面，推荐大家要着重学习 CLI 界面。

3.1.2.3　实训设备

(1) DCS－3926S 交换机 1 台；

(2) PC 机 1 台；

(3) Console 线 1 根；

(4) 直通网线 1 根。

3.1.2.4　实训拓扑

实训拓扑如图 3-11 所示。

图 3-11　实训拓扑

3.1.2.5　实训要求

(1) 按照拓扑图连接网络，如图 3-11 所示；

(2) PC 机和交换机的 24 口用网线相连；

(3) 交换机的管理 IP 为 192.168.1.100/24；

(4) PC 机网卡的 IP 地址为 192.168.1.101/24。

3.1.2.6　实训步骤

第一步：将交换机恢复出厂设置，设置正确的时钟和标识符。

```
switch#set default
Are you sure? [Y/N] = y
switch#write
switch#reload
```

Process with reboot? [Y/N] y

switch#clock set 15:29:50 2006.01.16

Current time is MON JAN 16 15:29:50 2006

switch#

switch#config

switch(Config)#hostname DCS - 3926S

DCS - 3926S(Config)#exit

DCS - 3926S#

第二步:给交换机设置 IP 地址即管理 IP。

DCS - 3926S#config

DCS - 3926S(Config)#interface vlan1 ! 进入 Vlan1 接口

02:20:17: %LINK - 5 - CHANGED: Interface Vlan1, changed state to UP

DCS - 3926S(Config - If - Vlan1)#ip address 192.168.1.100 255.255.255.0 ! 配置地址

DCS - 3926S(Config - If - Vlan1)#no shutdown ! 激活 Vlan1 接口

DCS - 3926S(Config - If - Vlan1)#exit

DCS - 3926S(Config)#exit

DCS - 3926S#

验证配置:

DCS - 3926S#show run

Current configuration:

  hostname DCS - 3926S

Vlan 1

  vlan 1

Interface Ethernet0/0/1

  ……

Interface Ethernet0/0/24

interface Vlan1

  interface vlan1

  ip address 192.168.1.100 255.255.255.0 ! 已经配置好交换机 IP 地址

DCS - 3926S#

第三步:为交换机设置授权 Telnet 用户。

DCS - 3926S#config

DCS - 3926S(Config)#telnet - user xuxp password 0 digital

DCS - 3926S(Config)#exit

DCS - 3926S#

验证配置:

DCS - 3926S#show run

```
Current configuration:
    hostname DCS - 3926S
    telnet - user xuxp password 0 digital
Vlan1
    vlan1
Interface Ethernet0/0/1
……
Interface Ethernet0/0/24
interface Vlan1
    interface vlan1
    ip address 192.168.1.100 255.255.255.0
DCS - 3926S#
```

第四步:配置主机的 IP 地址,如图 3-12 所示。在本实训中主机的 IP 地址要与交换机的 IP 地址在一个网段。

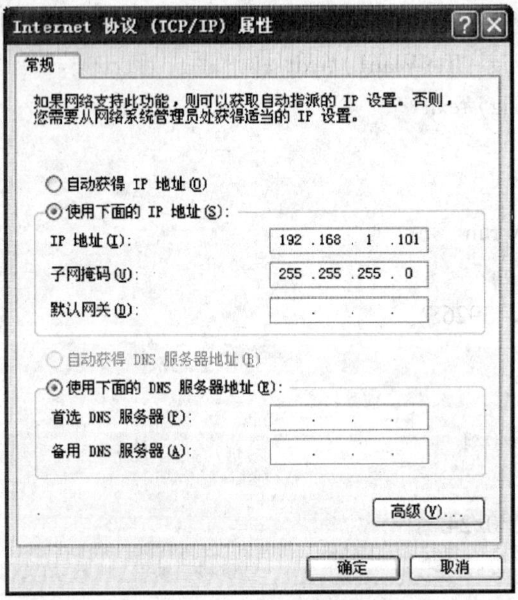

图 3-12　设置 TCP/IP 属性

验证配置:

在 PC 主机的 DOS 命令行中使用 Ipconfig 命令查看 IP 地址配置,如图 3-13 所示。

第五步:验证主机与交换机是否连通。

验证方法 1:在交换机中 Ping 主机。

```
DCS - 3926S#ping 192.168.1.101
Type ^c to abort.
Sending 5 56 - byte ICMP Echos to 192.168.1.101, timeout is 2 seconds.
!!!!!
```

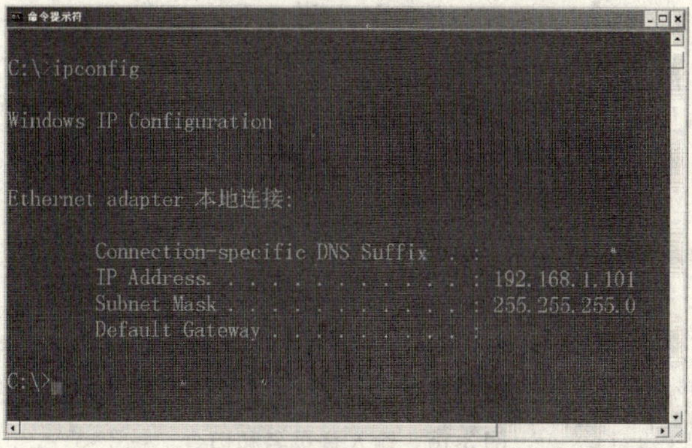

图 3-13 查看配置

Success rate is 100 percent (5/5), round - trip min/avg/max = 1/1/1 ms

DCS - 3926S#

若很快出现 5 个"!",则表示已经连通。

验证方法 2:在主机 DOS 命令行中 Ping 交换机,出现如图 3-14 所示的显示信息表示连通。

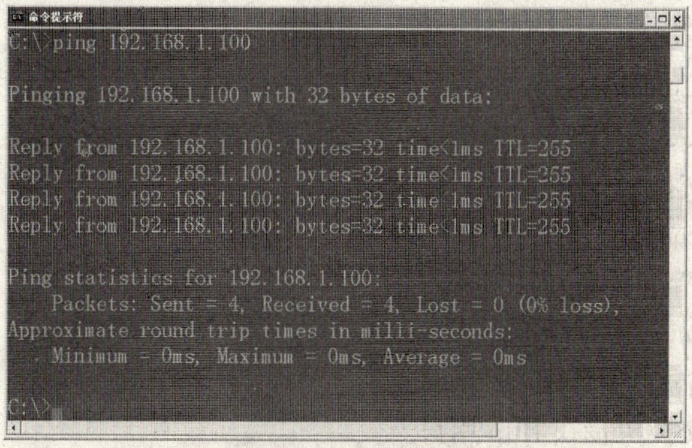

图 3-14 测试连通性

第六步:使用 Telnet 登录。

打开 Windows 操作系统,点击"开始"→"运行",运行 Windows 自带的 Telnet 客户端程序,并且指定 Telnet 的目的地址,如图 3-15 所示。

图 3-15 远程登录

需要输入正确的登录名和口令,登录名是 xuxp,口令是 digital,如图 3-16 所示。

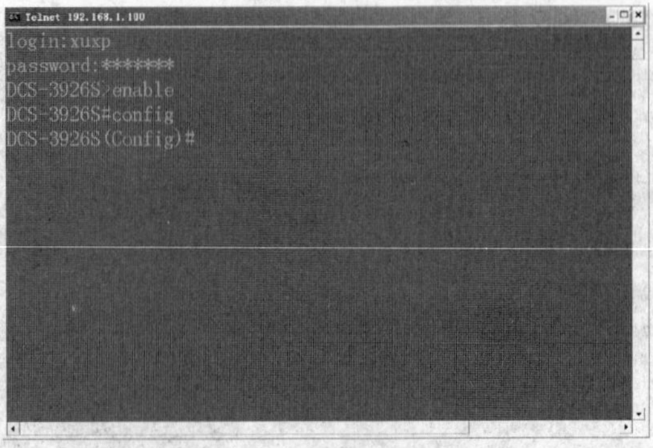

图 3-16　输入登录名和口令

使用 Web 方式管理交换机，步骤如下：

第一步：将交换机恢复出厂设置，设置正确的时钟和标识符。

第二步：给交换机配置管理 IP。

DCS－3926S#config

DCS－3926S(Config)#interface vlan1

DCS－3926S(Config－If－Vlan1)#ip address 192.168.1.100 255.255.255.0

DCS－3926S(Config－If－Vlan1)#no shutdown

DCS－3926S(Config－If－Vlan1)#exit

DCS－3926S(Config)#

第三步：启动交换机 Web 服务。

DCS－3926S#config

DCS－3926S(Config)#ip http server

web server is on　！表明已经成功启动

DCS－3926S(Config)#

第四步：设置交换机授权 Http 用户。

DCS－3926S(Config)#web－user admin password 0 digital

DCS－3926S(Config)#

第五步：配置主机的 IP 地址，在本实训中，其要与交换机的 IP 地址在一个网段。

配置主机的地址为 192.168.1.101。

第六步：验证主机与交换机是否连通。

验证方法 1：在交换机中 Ping 主机。

验证方法 2：在主机 DOS 命令行中 Ping 交换机。

第七步：使用 Http 登录。

打开 Windows 操作系统，单击“开始”→“运行”，指定目标，如图 3-17 所示。

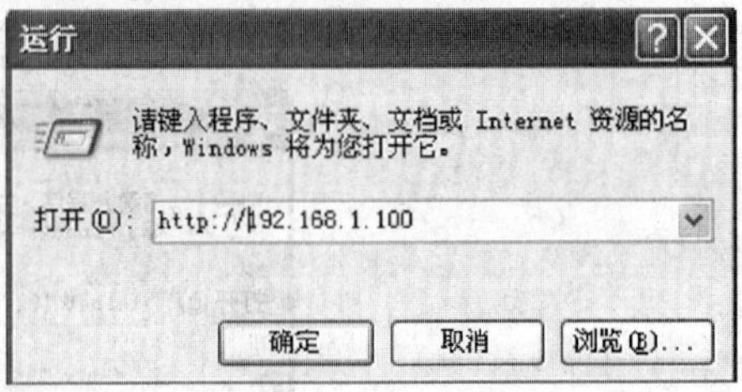

图 3-17　Web 方式登录

需要输入正确的用户名和密码，用户名是 admin，密码是 digital，如图 3-18 所示。

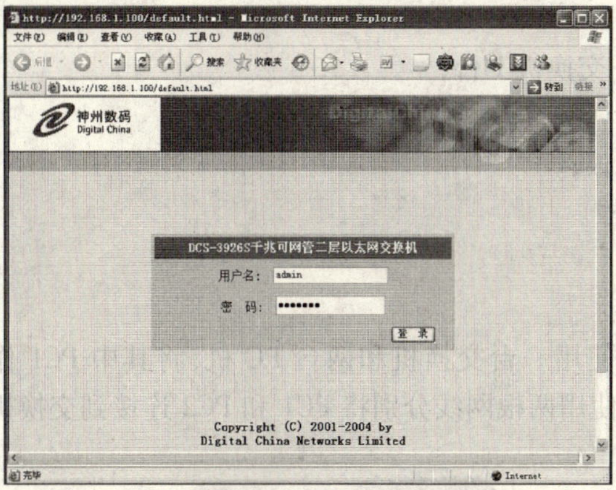

图3-18 Web登录页面

图3-19是交换机Web调试界面的主界面。

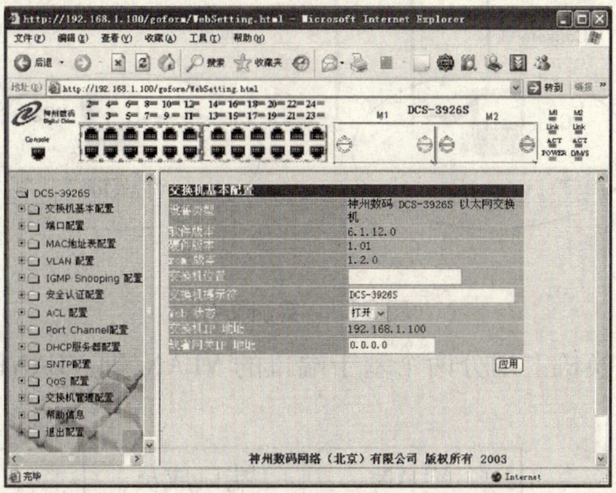

图3-19 交换机Web调试界面的主界面

可以对交换机做进一步配置,本实训完成。

3.1.3 交换机VLAN划分实训

3.1.3.1 实训目的

(1)了解VLAN原理;

(2)熟练掌握二层交换机VLAN的划分方法;

(3)了解如何验证VLAN的划分。

3.1.3.2 应用环境

学校实训楼中有两个实训室位于同一楼层,一个是计算机软件实训室,另一个是多媒体实训室,两个实训室的信息端口都连接在一台交换机上。学校已经为实训楼分配了固定的IP地址段,为了保证两个实训室的相对独立,就需要划分对应的VLAN,使交换机某些端口属于软件实训室,某些端口属于多媒体实训室,这样就能保证它们之间的数据互不干扰,也不影响各自的通信效率。

3.1.3.3 实训设备

(1)DCS－3926S 交换机 1 台；

(2)PC 机 2 台；

(3)Console 线 1 根；

(4)直通网线 2 根。

3.1.3.4 实训过程

1. 实训拓扑与要求

如图 3-20 所示，使用一台交换机和两台 PC 机，将其中 PC1 作为控制台终端，使用 Console 口配置方式；使用两根网线分别将 PC1 和 PC2 连接到交换机的 RJ－45 接口上。

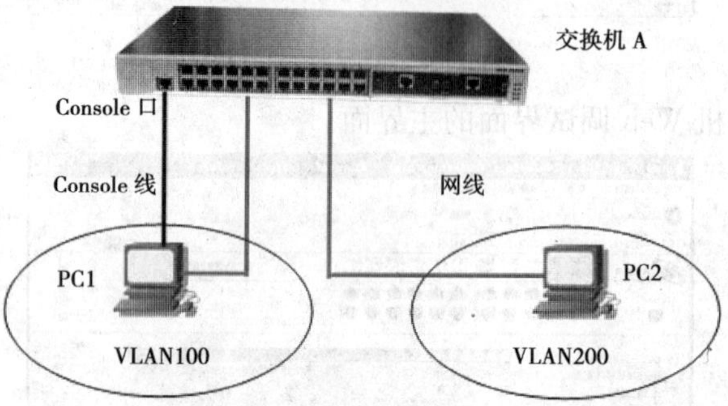

图 3-20 实训拓扑

本实训要求在交换机上划分两个基于端口的 VLAN，即 VLAN100、VLAN200，其成员如下：

VLAN	端口成员
100	1～8
200	9～16

要求 VLAN100 的成员能够互相访问，VLAN200 的成员能够互相访问；VLAN100 和 VLAN200 的成员之间不能互相访问。

PC1 和 PC2 的网络设置如下：

设备	IP 地址	Mask
交换机 A	192.168.1.11	255.255.255.0
PC1	192.168.1.101	255.255.255.0
PC2	192.168.1.102	255.255.255.0

PC1、PC2 接在 VLAN100 的成员端口 1～8 上，两台 PC 可以互相 Ping 通；PC1、PC2 接在 VLAN 的成员端口 9～16 上，两台 PC 可以互相 Ping 通；PC1 接在 VLAN100 的成员端口 1～8 上，PC2 接在 VLAN200 的成员端口 9～16 上，则互相 Ping 不通。

若实训结果和理论相符,则本实训完成。

2.实训步骤

第一步:交换机恢复出厂设置。

```
switch#set default
switch#write
switch#reload
```

第二步:给交换机设置 IP 地址即管理 IP。

```
switch#config
switch(Config)#interface vlan1
switch(Config-If-Vlan1)#ip address 192.168.1.11 255.255.255.0
switch(Config-If-Vlan1)#no shutdown
switch(Config-If-Vlan1)#exit
switch(Config)#exit
```

第三步:创建 VLAN100 和 VLAN200。

```
switch(Config)#
switch(Config)#vlan100
switch(Config-Vlan100)#exit
switch(Config)#vlan200
switch(Config-Vlan200)#exit
switch(Config)#
```

验证配置:

```
switch#show vlan
Vlan  Name      Type    Media     Ports
---- ---------- ------- --------- --------------------- --------
------- ---------- ---------- ---------- ---------- ---------
 1    default   Static  ENET      Ethernet0/0/1    Ethernet0/0/2
                                  Ethernet0/0/3    Ethernet0/0/4
                                  Ethernet0/0/5    Ethernet0/0/6
                                  Ethernet0/0/7    Ethernet0/0/8
                                  Ethernet0/0/9    Ethernet0/0/10
                                  Ethernet0/0/11   Ethernet0/0/12
                                  Ethernet0/0/13   Ethernet0/0/14
                                  Ethernet0/0/15   Ethernet0/0/16
                                  Ethernet0/0/17   Ethernet0/0/18
                                  Ethernet0/0/19   Ethernet0/0/20
                                  Ethernet0/0/21   Ethernet0/0/22
                                  Ethernet0/0/23   Ethernet0/0/24
100  VLAN0100   Static  ENET      !已经创建了 VLAN100,VLAN100 中没有端口
200  VLAN0200   Static  ENET      !已经创建了 VLAN200,VLAN200 中没有端口
```

第四步:给 VLAN100 和 VLAN200 添加端口。

```
switch(Config)#vlan100   ! 进入 VLAN100
switch(Config-Vlan100)#switchport interface ethernet 0/0/1-8
! 给 VLAL100 加入端口 1-8
Set the port Ethernet0/0/1 access vlan100 successfully
Set the port Ethernet0/0/2 access vlan100 successfully
Set the port Ethernet0/0/3 access vlan100 successfully
Set the port Ethernet0/0/4 access vlan100 successfully
Set the port Ethernet0/0/5 access vlan100 successfully
Set the port Ethernet0/0/6 access vlan100 successfully
Set the port Ethernet0/0/7 access vlan100 successfully
Set the port Ethernet0/0/8 access vlan100 successfully
switch(Config-Vlan100)#exit
switch(Config)#vlan 200                ! 进入 VLAN200
switch(Config-Vlan200)#switchport interface ethernet 0/0/9-16
! 给 VLAN200 加入端口 9-16
Set the port Ethernet0/0/9 access vlan200 successfully
Set the port Ethernet0/0/10 access vlan200 successfully
Set the port Ethernet0/0/11 access vlan200 successfully
Set the port Ethernet0/0/12 access vlan200 successfully
Set the port Ethernet0/0/13 access vlan200 successfully
Set the port Ethernet0/0/14 access vlan200 successfully
Set the port Ethernet0/0/15 access vlan200 successfully
Set the port Ethernet0/0/16 access vlan200 successfully
switch(Config-Vlan200)#exit
```

验证配置：

```
switch#show vlan
Vlan   Name      Type    Media   Ports
----------------------------------------------------------------
  1    default   Static  ENET    Ethernet0/0/17    Ethernet0/0/18
                                 Ethernet0/0/19    Ethernet0/0/20
                                 Ethernet0/0/21    Ethernet0/0/22
                                 Ethernet0/0/23    Ethernet0/0/24
100    VLAN0100  Static  ENET    Ethernet0/0/1     Ethernet0/0/2
                                 Ethernet0/0/3     Ethernet0/0/4
                                 Ethernet0/0/5     Ethernet0/0/6
                                 Ethernet0/0/7     Ethernet0/0/8
200    VLAN0200  Static  ENET    Ethernet0/0/9     Ethernet0/0/10
                                 Ethernet0/0/11    Ethernet0/0/12
                                 Ethernet0/0/13    Ethernet0/0/14
                                 Ethernet0/0/15    Ethernet0/0/16
```

第五步:验证实训。具体如下:

PC1 位置	PC2 位置	动作	结果
1~8 端口		PC1 ping 192.168.1.11	不通
9~16 端口		PC1 ping 192.168.1.11	不通
17~24 端口		PC1 ping 192.168.1.11	通
1~8 端口	1~8 端口	PC1 ping PC2	通
1~8 端口	9~16 端口	PC1 ping PC2	不通
1~8 端口	17~24 端口	PC1 ping PC2	不通

3. 注意事项和排错

在默认情况下,交换机所有端口都属于 VLAN1,因此我们通常把 VLAN1 作为交换机的管理 VLAN,因此 VLAN1 接口的 IP 地址就是交换机的管理地址。

在 DCS-3926S 中,一个普通端口只属于一个 VLAN。

4. 配置序列

```
Switch#Show run
Current configuration:
   hostname switch
Vlan1
  vlan1
Vlan100
  vlan100
Vlan200
  vlan200
Interface Ethernet0/0/1
  switchport access vlan100
Interface Ethernet0/0/2
  switchport access vlan100
Interface Ethernet0/0/3
  switchport access vlan100
Interface Ethernet0/0/4
  switchport access vlan100
Interface Ethernet0/0/5
  switchport access vlan100
Interface Ethernet0/0/6
  switchport access vlan100
Interface Ethernet0/0/7
  switchport access vlan100
```

```
Interface Ethernet0/0/8
  switchport access vlan100
Interface Ethernet0/0/9
  switchport access vlan200
Interface Ethernet0/0/10
  switchport access vlan200
Interface Ethernet0/0/11
  switchport access vlan200
Interface Ethernet0/0/12
  switchport access vlan200
Interface Ethernet0/0/13
  switchport access vlan200
Interface Ethernet0/0/14
  switchport access vlan200
Interface Ethernet0/0/15
  switchport access vlan200
Interface Ethernet0/0/16
  switchport access vlan200
Interface Ethernet0/0/17
Interface Ethernet0/0/18
Interface Ethernet0/0/19
Interface Ethernet0/0/20
Interface Ethernet0/0/21
Interface Ethernet0/0/22
Interface Ethernet0/0/23
Interface Ethernet0/0/24
switch#
```

3.1.4　交换机端口与 MAC 绑定

3.1.4.1　实训目的

(1)了解交换机的 MAC 绑定功能;

(2)熟练掌握 MAC 与端口绑定的静态、动态方式。

3.1.4.2　实训设备

(1)DCS－3926S 交换机 1 台;

(2)PC 机 2 台;

(3)Console 线 1 根;

(4)直通网线 2 根。

3.1.4.3　实训拓扑

实训拓扑如图 3-21 所示。

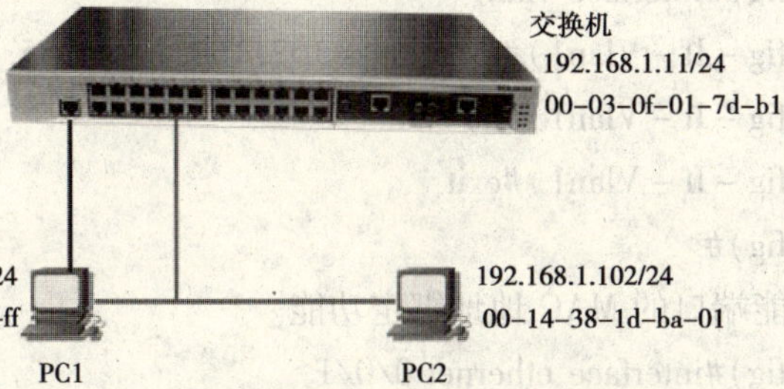

图 3-21　实训拓扑

3.1.4.4　实训过程

1. 实训要求

(1)交换机 IP 地址为 192.168.1.11/24,PC1 的地址为 192.168.1.101/24,PC2 的地址为 192.168.1.102/24;

(2)在交换机上将 MAC 与端口绑定;

(3)在 PC1 的不同端口上 Ping 交换机的 IP,检验理论是否和实训一致;

(4)在 PC2 的不同端口上 Ping 交换机的 IP,检验理论是否和实训一致。

2. 实训步骤

第一步:得到 PC1 主机的 MAC 地址。

```
Microsoft Windows XP [版本 5.1.2600]
(C) 版权所有 1985 - 2001 Microsoft Corp.
C:\>ipconfig/all
Windows IP Configuration
        Host Name . . . . . . . . . . . . : xuxp
        Primary Dns Suffix . . . . . . . : digitalchina. com
        Node Type . . . . . . . . . . . . : Broadcast
        IP Routing Enabled. . . . . . . . : No
        WINS Proxy Enabled. . . . . . . . : No
Ethernet adapter 本地连接:
        Connection - specific DNS Suffix . :
        Description . . . . . . . . . . . : Intel(R) PRO/100 VE Network Connection
        Physical Address. . . . . . . . . : 00 - A0 - D1 - D1 - 07 - FF
        Dhcp Enabled. . . . . . . . . . . : Yes
        Autoconfiguration Enabled . . . . : Yes
        Autoconfiguration IP Address. . . : 169.254.27.232
        Subnet Mask . . . . . . . . . . . : 255.255.0.0
        Default Gateway . . . . . . . . . :
```

我们得到 PC1 主机的 MAC 地址为 00 - A0 - D1 - D1 - 07 - FF。

第二步:将交换机全部恢复出厂设置,配置交换机的 IP 地址。

```
switch(Config)#interface vlan1
switch(Config-If-Vlan1)#ip address 192.168.1.11 255.255.255.0
switch(Config-If-Vlan1)#no shut
switch(Config-If-Vlan1)#exit
switch(Config)#
```

第三步:使能端口的 MAC 地址绑定功能。

```
switch(Config)#interface ethernet 0/0/1
switch(Config-Ethernet0/0/1)#switchport port-security
switch(Config-Ethernet0/0/1)#
```

第四步:添加端口静态安全 MAC 地址,缺省端口最大安全 MAC 地址数为 1。

```
switch(Config-Ethernet0/0/1)#switchport port-security mac-address 00-a0-d1-d1-07-ff
```

验证配置:

```
switch#show port-security
Security Port     MaxSecurityAddr        CurrentAddr          Security Action
                     (count)               (count)
------------------------------------------------------------------------------
Ethernet0/0/1           1                     1                       Protect
------------------------------------------------------------------------------
Max Addresses limit per port :128
Total Addresses in System :1
switch#
switch#show port-security address
Security Mac Address Table
------------------------------------------------------------------------------
Vlan        Mac Address                   Type                        Ports
 1     00-a0-d1-d1-07-ff            SecurityConfigured          Ethernet0/0/1
------------------------------------------------------------------------------
Total Addresses in System :1
Max Addresses limit in System :128
switch#
```

第五步:使用 Ping 命令验证。具体如下:

PC	端口	Ping	结果
PC1	0/0/1	192.168.1.11	通
PC1	0/0/7	192.168.1.11	不通
PC2	0/0/1	192.168.1.11	通
PC2	0/0/7	192.168.1.11	通

第六步:在 1 个以太口上静态捆绑多个 MAC。

```
Switch(Config - Ethernet0/0/1)#switchport port - security maximum 4
Switch(Config - Ethernet0/0/1)#switchport port - security mac - address aa - aa - aa - aa - aa - aa
Switch(Config - Ethernet0/0/1)#switchport port - security mac - address aa - aa - aa - bb - bb - bb
Switch(Config - Ethernet0/0/1)#switchport port - security mac - address aa - aa - aa - cc - cc - cc
```

验证配置:

```
switch#show port - security
Security Port      MaxSecurityAddr      CurrentAddr      Security Action
                      (count)             (count)
- - - - - - - - - - - - - - - - - - - - - - - - - - - - - - - - - - - - -
Ethernet0/0/1          4                   4                   Protect
- - - - - - - - - - - - - - - - - - - - - - - - - - - - - - - - - - - - -
Max Addresses limit per port :128
Total Addresses in System :4
switch#show port - security address
Security Mac Address Table
- - - - - - - - - - - - - - - - - - - - - - - - - - - - - - - - - - - - -
Vlan         Mac Address                    Type                  Ports
  1     00 - a0 - d1 - d1 - 07 - ff     SecurityConfigured     Ethernet0/0/1
  1     aa - aa - aa - aa - aa - aa     SecurityConfigured     Ethernet0/0/1
  1     aa - aa - aa - bb - bb - bb     SecurityConfigured     Ethernet0/0/1
  1     aa - aa - aa - cc - cc - cc     SecurityConfigured     Ethernet0/0/1
- - - - - - - - - - - - - - - - - - - - - - - - - - - - - - - - - - - - -
Total Addresses in System :4
Max Addresses limit in System :128
switch#
```

上面使用的都是静态捆绑 MAC 的方法,下面介绍动态绑定 MAC 的基本方法,首先清空刚才做过的捆绑。

第七步:清空端口与 MAC 绑定。

```
switch(Config)#
switch(Config)#int ethernet 0/0/1
switch(Config-Ethernet0/0/1)#no switchport port-security
switch(Config-Ethernet0/0/1)#exit
switch(Config)#exit
```

验证配置:

```
switch#show port-security
Security Port   MaxSecurityAddr   CurrentAddr   Security Action
                    (count)          (count)
-------------------------------------------------------------------
-------------------------------------------------------------------
Max Addresses limit per port :128
Total Addresses in System :0
```

第八步:使能端口的 MAC 地址绑定功能,动态学习 MAC 并转换。

```
switch(Config)#interface ethernet 0/0/1
switch(Config-Ethernet0/0/1)#switchport port-security
switch(Config-Ethernet0/0/1)#switchport port-security lock
switch(Config-Ethernet0/0/1)#switchport port-security convert
switch(Config-Ethernet0/0/1)#exit
```

验证配置:

```
switch#show port-security address
Security Mac Address Table
-------------------------------------------------------------------
Vlan        Mac Address                 Type                 Ports
  1    00-a0-d1-d1-07-ff         SecurityConfigured    Ethernet0/0/1
-------------------------------------------------------------------
Total Addresses in System :1
Max Addresses limit in System :128
switch#
```

第九步:使用 Ping 命令验证。具体如下:

PC	端口	Ping	结果
PC1	0/0/1	192.168.1.11	通
PC1	0/0/7	192.168.1.11	不通
PC2	0/0/1	192.168.1.11	不通
PC2	0/0/7	192.168.1.11	通

3. 注意事项和排错

如果出现端口无法配置MAC地址绑定功能的情况,请检查交换机的端口是否运行了Spanning-tree,802.1x,端口汇聚或者端口已经配置为Trunk端口。MAC绑定在端口上与这些配置是互斥的,如果该端口要打开MAC地址绑定功能,就必须首先确认端口的上述功能已经被关闭。

若无法执行Convert命令,请检查PC机网卡是否和该端口正确连接。

端口Lock之后,该端口的MAC地址学习功能被关闭,不允许其他的MAC进入该端口。

3.2 路由器的配置与管理

3.2.1 路由器的基本配置实训

3.2.1.1 实训目的

(1)掌握路由器配置前的准备;

(2)掌握路由器的机器名的配置;

(3)掌握接口IP地址的配置、基本封装类型。

3.2.1.2 实训内容

主要学习机器名、接口地址、特权模式密码等配置方法。

3.2.1.3 实训设备

(1)路由器2台(DCR-1751);

(2)CR-V35MT 1条;

(3)CR-V35FC 1条;

(4)网线2条。

3.2.1.4 实训拓扑

实训拓扑如图3-22所示。

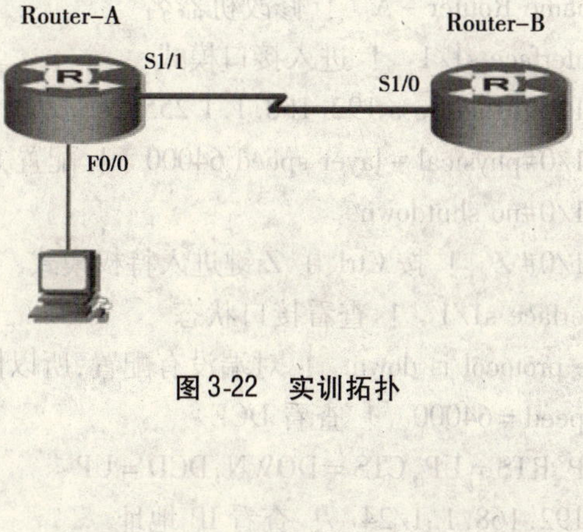

图3-22 实训拓扑

3.2.1.5 实训要求

配置如下:

Router－A(路由器 A)			Router－B(路由器 B)		
接口	类型	IP 地址	接口	类型	IP 地址
S1/1	DCE	192.168.1.1	S0/0	DTE	192.168.1.2
F0/0		192.168.2.1			

3.2.1.6 实训步骤

1.路由器 A 的基本配置

第一步:恢复出厂设置。

```
Router > enable  ! 进入特权模式
Router#2004 - 1 - 1 00:32:10 User DEFAULT enter privilege mode from console 0, level = 15
Router#show running - config  ! 查看当前配置
Building configuration...
Current configuration:
!
! version 1.3.2E
<省略>
Router#delete  ! 删除配置文件
this file will be erased,are you sure? (y/n)y
Router#reboot  ! 重新启动
Do you want to reboot the router? (y/n)y
Please wait...
```

第二步:设置接口 IP 地址、DCE 的时钟频率以及验证。

```
Router > enable  ! 进入特权模式
Router #config  ! 进入全局配置模式
Router _config#hostname Router - A  ! 修改机器名
Router - A_config#interface s1/1  ! 进入接口模式
Router - A_config_s1/0#ip address 192.168.1.1 255.255.255.0  ! 配置 IP 地址
Router - A_config_s1/0#physical - layer speed 64000  ! 配置 DCE 时钟频率
Router - A_config_s1/0#no shutdown
Router - A_config_s1/0#^Z  ! 按 Ctrl + Z 键进入特权模式
Router - A#show interface s1/1  ! 查看接口状态
Serial1/0 is up, line protocol is down  ! 对端没有配置,所以协议是 DOWN
Mode = Sync DCE Speed = 64000  ! 查看 DCE
DTR = UP,DSR = UP,RTS = UP,CTS = DOWN,DCD = UP
Interface address is 192.168.1.1/24  ! 查看 IP 地址
MTU 1500 bytes, BW 64 kbit, DLY 2000 usec
```

```
Encapsulation prototol HDLC, link check interval is 10 sec   ！查看封装协议
Octets Received 0, Octets Sent 0
Frames Received 0, Frames Sent 0, Link - check Frames Received0
Link - check Frames Sent 89, LoopBack times 0
Frames Discarded 0, Unknown Protocols Frames Received 0, Sent failuile 0
Link - check Timeout 0, Queue Error 0, Link Error 0,
60 second input rate 0 bits/sec, 0 packets/sec!
60 second output rate 0 bits/sec, 0 packets/sec!
0 packets input, 0 bytes, 8 unused_rx, 0 no buffer
0 input errors, 0 CRC, 0 frame, 0 overrun, 0 ignored, 0 abort
8 packets output, 192 bytes, 0 unused_tx, 0 underruns
error:
0 clock, 0 grace
PowerQUICC SCC specific errors:
0 recv allocb mblk fail 0 recv no buffer
0 transmitter queue full 0 transmitter hwqueue_full
Router - A#config
Router - A_config#interface f0/0
Router - A_config_f0/0#ip address 192.168.2.1 255.255.255.0
Router - A_config_f0/0#no shutdown
Router - A_config_f0/0#^Z
Router - A#show interface f0/0
FastEthernet0/0 is up, line protocol is up
address is 00e0.0f18.1a70
Interface address is 192.168.2.1/24
MTU 1500 bytes, BW 100000 kbit, DLY 10 usec
Encapsulation ARPA, loopback not set
Keepalive not set
ARP type: ARPA, ARP timeout 04:00:00
60 second input rate 0 bits/sec, 0 packets/sec!
60 second output rate 6 bits/sec, 0 packets/sec!
Full - duplex, 100Mb/s, 100BaseTX, 1 Interrupt
0 packets input, 0 bytes, 200 rx_freebuf
Received 0 unicasts, 0 lowmark, 0 ri, 0 throttles
0 input errors, 0 CRC, 0 framing, 0 overrun, 0 long
1 packets output, 46 bytes, 50 tx_freebd, 0 underruns
0 output errors, 0 collisions, 0 interface resets
0 babbles, 0 late collisions, 0 deferred, 0 err600
```

0 lost carrier, 0 no carrier 0 grace stop 0 bus error

0 output buffer failures, 0 output buffers swapped out

第三步:设置特权模式密码。

Router – A_config#enable password 0 digitalchina ！0 表示明文

Router – A_config#^Z

Router – A#2004 – 1 – 1 16:38:49 Configured from console 0 by DEFAULT

Router – A#exit

Router – A > enable ！再次进入特权模式

Password: ！需要输入密码

Access deny！

Router – A > enable

Password: ！注意输入时不显示

Router – A#2004 – 1 – 1 16:39:14 User DEFAULT enter privilege mode from console 0, level = 15

Router – A#

第四步:保存。

Router – A#write ！保存配置

Saving current configuration...

OK!

第五步:查看配置序列。

Router – A#show running – config

Building configuration...

Current configuration:

!

! version 1.3.2E

service timestamps log date

service timestamps debug date

no service password – encryption

!

hostname Router – A ！查看机器名

!

enable password 0 digitalchina level 15 ！注意到密码可以显示

!

interface FastEthernet0/0

ip address 192.168.2.1 255.255.255.0 ！查看 IP 地址

no ip directed – broadcast

!

< 省略... >

interface Serial1/1

ip address 192.168.1.1 255.255.255.0 ！查看 IP 地址

no ip directed – broadcast

physical – layer speed 64000

!

interface Async0/0

no ip address

no ip directed – broadcast

!

2.路由器 B 的配置(命令解释参照路由器 A 的配置)

第一步:恢复出厂设置。

Router > enable ！进入特权模式

Router#2004 – 1 – 1 00:32:10 User DEFAULT enter privilege mode from console 0, level = 15

Router#show running – config ！查看当前配置

Building configuration...

Current configuration:

!

! version 1.3.2E

<省略>

Router#delete ！删除配置文件

this file will be erased,are you sure? (y/n)y

Router#reboot ！重新启动

Do you want to reboot the router? (y/n)y

Please wait...

第二步:设置 IP 地址及验证。

Router > enable

Router#2004 – 1 – 1 01:04:14 User DEFAULT enter privilege mode from console 0, level = 15

Router#config

Router_config#hostname Router – B

Router – B_config#interface s1/0

Router – B_config_s1/0#ip address 192.168.1.2 255.255.255.0

Router – B_config_s1/0#no shutdown

Router – B_config_s1/0#^Z

Router – B#show interface s1/0

Serial1/0 is up, line protocol is up ！此时接口和协议都是 up 状态

Mode = Sync DTE
DTR = UP, DSR = UP, RTS = DOWN, CTS = UP, DCD = UP
Interface address is 192. 168. 1. 2/24
MTU 1500 bytes, BW 64 kbit, DLY 2000 usec
Encapsulation prototol HDLC, link check interval is 10 sec
Octets Received0, Octets Sent 0
Frames Received 0, Frames Sent 0, Link – check Frames Received0
Link – check Frames Sent 391, LoopBack times 0
Frames Discarded 0, Unknown Protocols Frames Received 0, Sent failuile 0
Link – check Timeout 0, Queue Error 0, Link Error 0,
60 second input rate 0 bits/sec, 0 packets/sec!
60 second output rate 0 bits/sec, 0 packets/sec!
0 packets input, 0 bytes, 8 unused_rx, 0 no buffer
0 input errors, 0 CRC, 0 frame, 0 overrun, 0 ignored, 0 abort
8 packets output, 192 bytes, 0 unused_tx, 0 underruns
error:
0 clock, 0 grace
PowerQUICC SCC specific errors:
0 recv allocb mblk fail 0 recv no buffer
0 transmitter queue full 0 transmitter hwqueue_full

第三步:保存。

Router – B#write
Saving current configuration...
OK!

第四步:查看配置序列。

Router – B#show running – config
Building configuration...
Current configuration:
!
! version 1. 3. 2E
service timestamps log date
service timestamps debug date
no service password – encryption
!
hostname Router – B
!
interface FastEthernet0/0
ip address 192. 168. 3. 1 255. 255. 255. 0

```
no ip directed - broadcast
!
interface Ethernet1/1
no ip address
no ip directed - broadcast
duplex half
!
interface Serial1/0
ip address 192.168.1.2 255.255.255.0
no ip directed - broadcast
!
interface Async0/0
no ip address
no ip directed - broadcast
```

第五步:测试连通性。

```
Router - B#ping 192.168.1.1   ! PING Router - A
PING 192.168.1.1(192.168.1.1):56 data bytes
!!!!!
---192.168.1.1 ping statistics ---
5 packets transmitted. 5 packets received. 0% packet loss
Round - trip min/avg/max = 20/22/30 ms
```

3.2.2 静态路由配置实训

3.2.2.1 实训目的

(1)理解路由表;

(2)掌握静态路由的配置。

3.2.2.2 实训内容

在小规模环境里,静态路由是最佳的选择,静态路由开销小,适用于相对稳定的网络。在本实训里,对3台路由器进行静态路由配置并测试连通性。

3.2.2.3 实训设备

(1)路由器3台(DCR - 1751);

(2)CR - V35FC 1条;

(3)CR - V35MT 1条。

3.2.2.4 实训拓扑

实训拓扑如图3-23所示。

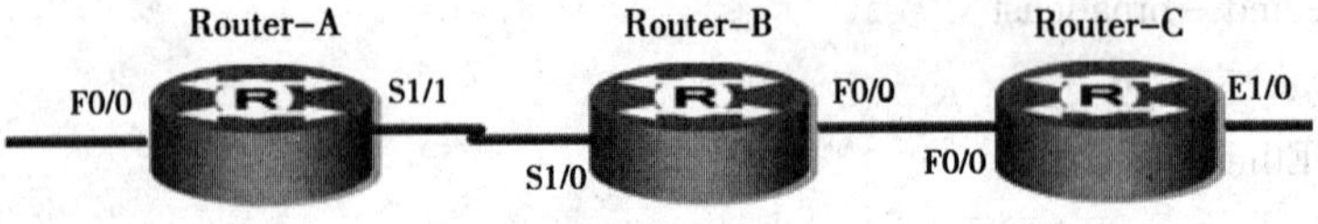

图 3-23 实训拓扑

3.2.2.5 实训要求

配置如下：

Router - A(路由器 A)		Router - B(路由器 B)		Router - C(路由器 C)	
S1/1(DCE)	192.168.1.1	S1/0(DTE)	192.168.1.2	F0/0	192.168.2.2
F0/0	192.168.0.1	F0/0	192.168.2.1	E1/0	192.168.3.1

3.2.2.6 实训步骤

第一步:按照配置表配置所有接口的 IP 地址,保证所有接口全部是 up 状态,测试连通性。

第二步:查看路由器 A 的路由表。

Router - A#show ip route

Codes: C - connected, S - static, R - RIP, B - BGP, BC - BGP connected

D - DEIGRP, DEX - external DEIGRP, O - OSPF, OIA - OSPF inter area

ON1 - OSPF NSSA external type 1, ON2 - OSPF NSSA external type 2

OE1 - OSPF external type 1, OE2 - OSPF external type 2

DHCP - DHCP type

VRF ID: 0

C 192.168.0.0/24 is directly connected, FastEthernet0/0 ！直连的路由

C 192.168.1.0/24 is directly connected, Serial1/1 ！直连的路由

第三步:查看路由器 B 的路由表。

Router - B#show ip route

Codes: C - connected, S - static, R - RIP, B - BGP, BC - BGP connected

D - DEIGRP, DEX - external DEIGRP, O - OSPF, OIA - OSPF inter area

ON1 - OSPF NSSA external type 1, ON2 - OSPF NSSA external type 2

OE1 - OSPF external type 1, OE2 - OSPF external type 2

DHCP - DHCP type

VRF ID: 0

C 192.168.1.0/24 is directly connected, Serial1/0

C 192.168.2.0/24 is directly connected, FastEthernet0/0

第四步:查看路由器 C 的路由表。

Router - B#show ip route

Codes: C - connected, S - static, R - RIP, B - BGP, BC - BGP connected

D - DEIGRP, DEX - external DEIGRP, O - OSPF, OIA - OSPF inter area

ON1 - OSPF NSSA external type 1, ON2 - OSPF NSSA external type 2

OE1 - OSPF external type 1, OE2 - OSPF external type 2

DHCP - DHCP type

VRF ID: 0

C 192.168.1.0/24 is directly connected, Serial1/0

C 192.168.2.0/24 is directly connected, FastEthernet0/0

第五步:在路由器 A 上 Ping 路由器 C。

Router - A#ping 192.168.2.2

PING 192.168.2.2 (192.168.2.2): 56 data bytes

.....

--- 192.168.2.2 ping statistics ---

5 packets transmitted, 0 packets received, 100% packet loss ！不通

第六步:在路由器 A 上配置静态路由。

Router - A#config

Router - A_config#ip route 192.168.2.0 255.255.255.0 192.168.1.2 ！配置目标网段和下一跳地址

Router - A_config#ip route 192.168.3.0 255.255.255.0 192.168.1.2

第七步:查看路由表。

Router - A#show ip route

Codes: C - connected, S - static, R - RIP, B - BGP, BC - BGP connected

D - DEIGRP, DEX - external DEIGRP, O - OSPF, OIA - OSPF inter area

ON1 - OSPF NSSA external type 1, ON2 - OSPF NSSA external type 2

OE1 - OSPF external type 1, OE2 - OSPF external type 2

DHCP - DHCP type

VRF ID: 0

C 192.168.0.0/24 is directly connected, FastEthernet0/0

C 192.168.1.0/24 is directly connected, Serial1/1

S 192.168.2.0/24 [1,0] via 192.168.1.2 ！注意静态路由的管理距离是 1

S 192.168.3.0/24 [1,0] via 192.168.1.2

第八步:配置路由器 B 的静态路由并查看路由表。

Router - B#config

Router - B_config#ip route 192.168.0.0 255.255.255.0 192.168.1.1

Router - B_config#ip route 192.168.3.0 255.255.255.0 192.168.2.2

Router - B_config#^Z

Router - B#show ip route

Codes: C - connected, S - static, R - RIP, B - BGP, BC - BGP connected

D - DEIGRP, DEX - external DEIGRP, O - OSPF, OIA - OSPF inter area

ON1 - OSPF NSSA external type 1, ON2 - OSPF NSSA external type 2

OE1 - OSPF external type 1, OE2 - OSPF external type 2
DHCP - DHCP type
VRF ID: 0
S 192.168.0.0/24 [1,0] via 192.168.1.1
C 192.168.1.0/24 is directly connected, Serial1/0
C 192.168.2.0/24 is directly connected, FastEthernet0/0
S 192.168.3.0/24 [1,0] via 192.168.2.2

第九步:配置路由器 C 的静态路由并查看路由表。

Router - C#config
Router - C_config#ip route 192.168.0.0 255.255.0.0 192.168.2.1 ！采用超网的方法
Router - C_config#^Z
Router - C#show ip route
Codes: C - connected, S - static, R - RIP, B - BGP
D - DEIGRP, DEX - external DEIGRP, O - OSPF, OIA - OSPF inter area
ON1 - OSPF NSSA external type 1, ON2 - OSPF NSSA external type 2
OE1 - OSPF external type 1, OE2 - OSPF external type 2
S 192.168.0.0/16 [1,0] via 192.168.2.1 ！注意掩码是 16 位
C 192.168.2.0/24 is directly connected, FastEthernet0/0
C 192.168.3.0/24 is directly connected, Ethernet1/0

第十步:测试。

Router - C#ping 192.168.0.1
PING 192.168.0.1 (192.168.0.1): 56 data bytes
!!!!! ！成功
- - - 192.168.0.1 ping statistics - - -
5 packets transmitted, 5 packets received, 0% packet loss
round - trip min/avg/max = 30/32/40 ms

3.2.3 RIP - 1 路由协议配置实训

3.2.3.1 实训目的

(1)掌握动态路由的配置方法;

(2)理解 RIP 协议的工作过程。

3.2.3.2 实训内容

在路由器较多的环境里,手工配置静态路由给管理员带来较大的工作负担。在不太稳定的网络环境里,手工修改路由表不现实。为解决这个问题,本实训介绍如何配置路由协议 RIP。

3.2.3.3 实训设备

(1)路由器 3 台(DCR - 1751);

(2)CR－V35FC 1 条；

(3)CR－V35MT 1 条。

3.2.3.4 实训拓扑

实训拓扑如图 3-24 所示。

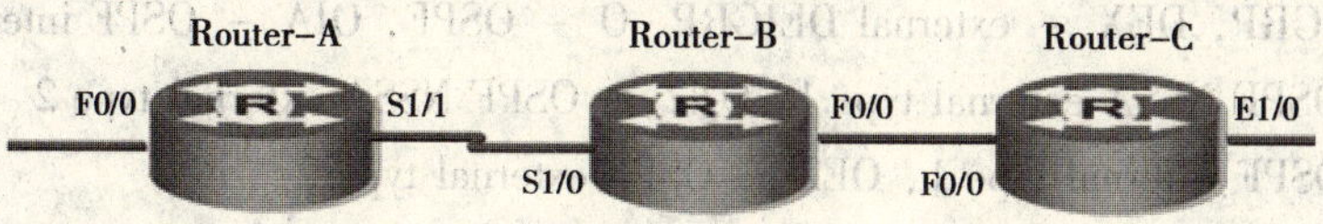

图 3-24 实训拓扑

3.2.3.5 实训要求

配置如下：

Router－A(路由器 A)		Router－B(路由器 B)		Router－C(路由器 C)	
S1/1(DCE)	192.168.1.1	S1/0(DTE)	192.168.1.2	F0/0	192.168.2.2
F0/0	192.168.0.1	F0/0	192.168.2.1	E1/0	192.168.3.1

3.2.3.6 实训步骤

第一步：按照配置表配置所有接口的 IP 地址，保证所有接口全部是 up 状态，测试连通性。

第二步：查看路由器 A 的路由表。

```
Router－A#show ip route
Codes: C － connected, S － static, R － RIP, B － BGP, BC － BGP connected
D － DEIGRP, DEX － external DEIGRP, O － OSPF, OIA － OSPF inter area
ON1 － OSPF NSSA external type 1, ON2 － OSPF NSSA external type 2
OE1 － OSPF external type 1, OE2 － OSPF external type 2
DHCP － DHCP type
VRF ID: 0
C 192.168.0.0/24 is directly connected, FastEthernet0/0  ！直连的路由
C 192.168.1.0/24 is directly connected, Serial1/1  ！直连的路由
```

第三步：查看路由器 B 的路由表。

```
Router－B#show ip route
Codes: C － connected, S － static, R － RIP, B － BGP, BC － BGP connected
D － DEIGRP, DEX － external DEIGRP, O － OSPF, OIA － OSPF inter area
ON1 － OSPF NSSA external type 1, ON2 － OSPF NSSA external type 2
OE1 － OSPF external type 1, OE2 － OSPF external type 2
DHCP － DHCP type
VRF ID: 0
C 192.168.1.0/24 is directly connected, Serial1/0
```

C 192. 168. 2. 0/24 is directly connected, FastEthernet0/0

第四步:查看路由器 C 的路由表。

Router – B#show ip route
Codes: C – connected, S – static, R – RIP, B – BGP, BC – BGP connected
D – DEIGRP, DEX – external DEIGRP, O – OSPF, OIA – OSPF inter area
ON1 – OSPF NSSA external type 1, ON2 – OSPF NSSA external type 2
OE1 – OSPF external type 1, OE2 – OSPF external type 2
DHCP – DHCP type
VRF ID: 0
C 192. 168. 1. 0/24 is directly connected, Serial1/0
C 192. 168. 2. 0/24 is directly connected, FastEthernet0/0

第五步:在路由器 A 上 Ping 路由器 C。

Router – A#ping 192. 168. 2. 2
PING 192. 168. 2. 2 (192. 168. 2. 2): 56 data bytes
.....
– – – 192. 168. 2. 2 ping statistics – – –
5 packets transmitted, 0 packets received, 100% packet loss ! 不通

第六步:在路由器 A 上配置 RIP 协议并查看路由表。

Router – A_config#router rip ! 启动 RIP 协议
Router – A_config_rip#network 192. 168. 0. 0 ! 宣告网段
Router – A_config_rip#network 192. 168. 1. 0
Router – A_config_rip#^Z
Router – A#show ip route
Codes: C – connected, S – static, R – RIP, B – BGP, BC – BGP connected
D – DEIGRP, DEX – external DEIGRP, O – OSPF, OIA – OSPF inter area
ON1 – OSPF NSSA external type 1, ON2 – OSPF NSSA external type 2
OE1 – OSPF external type 1, OE2 – OSPF external type 2
DHCP – DHCP type
VRF ID: 0
C 192. 168. 0. 0/24 is directly connected, FastEthernet0/0
C 192. 168. 1. 0/24 is directly connected, Serial1/1
! 注意到并没有出现 RIP 学习到的路由

第七步:在路由器 B 上配置 RIP 协议并查看路由表。

Router – B_config#router rip
Router – B_config_rip#network 192. 168. 1. 0
Router – B_config_rip#network 192. 168. 2. 0
Router – B_config_rip#^Z
Router – B#2004 – 1 – 1 00:15:58 Configured from console 0 by DEFAULT

```
Router - B#show ip route
Codes: C - connected, S - static, R - RIP, B - BGP, BC - BGP connected
D - DEIGRP, DEX - external DEIGRP, O - OSPF, OIA - OSPF inter area
ON1 - OSPF NSSA external type 1, ON2 - OSPF NSSA external type 2
OE1 - OSPF external type 1, OE2 - OSPF external type 2
DHCP - DHCP type
VRF ID: 0
R 192.168.0.0/16 [120,1] via 192.168.1.1(on Serial1/0)  ! 从 A 学习到的路由
C 192.168.1.0/24 is directly connected, Serial1/0
C 192.168.2.0/24 is directly connected, FastEthernet0/0
```

第八步:在路由器 B 上配置 RIP 协议并查看路由表。

```
Router - C_config#router rip
Router - C_config_rip#network 192.168.2.0
Router - C_config_rip#network 192.168.3.0
Router - C_config_rip#^Z
Router - C#show ip route
Codes: C - connected, S - static, R - RIP, B - BGP
D - DEIGRP, DEX - external DEIGRP, O - OSPF, OIA - OSPF inter area
ON1 - OSPF NSSA external type 1, ON2 - OSPF NSSA external type 2
OE1 - OSPF external type 1, OE2 - OSPF external type 2
R 192.168.0.0/16 [120,2] via 192.168.2.1(on FastEthernet0/0)
R 192.168.1.0/24 [120,1] via 192.168.2.1(on FastEthernet0/0)
C 192.168.2.0/24 is directly connected, FastEthernet0/0
C 192.168.3.0/24 is directly connected, Ethernet1/0
```

第九步:再次查看路由器 A 和路由器 B 的路由表。

```
Router - B#show ip route
Codes: C - connected, S - static, R - RIP, B - BGP, BC - BGP connected
D - DEIGRP, DEX - external DEIGRP, O - OSPF, OIA - OSPF inter area
ON1 - OSPF NSSA external type 1, ON2 - OSPF NSSA external type 2
OE1 - OSPF external type 1, OE2 - OSPF external type 2
DHCP - DHCP type
VRF ID: 0
R 192.168.0.0/16 [120,1] via 192.168.1.1(on Serial1/0)
C 192.168.1.0/24 is directly connected, Serial1/0
C 192.168.2.0/24 is directly connected, FastEthernet0/0
R 192.168.3.0/24 [120,1] via 192.168.2.2(on FastEthernet0/0)
Router - A#show ip route
Codes: C - connected, S - static, R - RIP, B - BGP, BC - BGP connected
```

D - DEIGRP, DEX - external DEIGRP, O - OSPF, OIA - OSPF inter area
ON1 - OSPF NSSA external type 1, ON2 - OSPF NSSA external type 2
OE1 - OSPF external type 1, OE2 - OSPF external type 2
DHCP - DHCP type
VRF ID: 0
C 192.168.0.0/24 is directly connected, FastEthernet0/0
C 192.168.1.0/24 is directly connected, Serial1/1
R 192.168.2.0/24 [120,1] via 192.168.1.2(on Serial1/1)
R 192.168.3.0/24 [120,2] via 192.168.1.2(on Serial1/1)
！注意到所有网段都学习到了路由
第十步:相关的查看命令。
Router - A#show ip rip　！显示 RIP 状态
RIP protocol: Enabled
Global version: default(Decided on the interface version control)
Update: 30, Expire: 180, Holddown: 120
Input - queue: 50
Validate - update - source enable
No neighbor
Router - A#show ip rip protocol　！显示协议细节
RIP is Active
Sending updates every 30 seconds, next due in 30 seconds　！注意定时器的值
Invalid after 180 seconds, holddown 120
update filter list for all interfaces is:
update offset list for all interfaces is:
Redistributing:
Default version control: send version 1, receive version 1 2
Interface Send Recv
FastEthernet0/0 1 1 2
Serial1/1 1 1 2
Automatic network summarization is in effect
Routing for Networks:
192.168.1.0/24
192.168.0.0/16
Distance: 120 (default is 120)　！注意默认的管理距离
Maximum route count: 1024, Route count:6
Router - A#show ip rip database　！显示 RIP 数据库
192.168.0.0/24 directly connected FastEthernet0/0
192.168.0.0/24 auto - summary

192.168.1.0/24 directly connected Serial1/1

192.168.1.0/24 auto - summary

192.168.2.0/24 [120,1] via 192.168.1.2 (on Serial1/1) 00:00:13 ！收到 RIP 广播的时间

192.168.3.0/24 [120,2] via 192.168.1.2 (on Serial1/1) 00:00:13

Router - A#show ip route rip ！仅显示 RIP 学习到的路由

R 192.168.2.0/24 [120,1] via 192.168.1.2(on Serial1/1)

R 192.168.3.0/24 [120,2] via 192.168.1.2(on Serial1/1)

3.2.4 NAT 地址转换配置实训

3.2.4.1 实训目的

(1)掌握地址转换的配置；

(2)掌握向外发布内部服务器地址转换的方法；

(3)掌握私有地址访问 Internet 的配置方法。

3.2.4.2 实训内容

企业内部有对 Internet 提供服务的 Web 服务器或者企业内部使用私有地址的主机需要访问 Internet,那么就需要使用 NAT 技术。本实训的主要内容是在路由器上实现 NAT 的功能。

3.2.4.3 实训设备

(1)路由器 2 台(DCR - 1751)；

(2)PC 机 2 台。

3.2.4.4 实训拓扑

实训拓扑如图 3-25 所示。

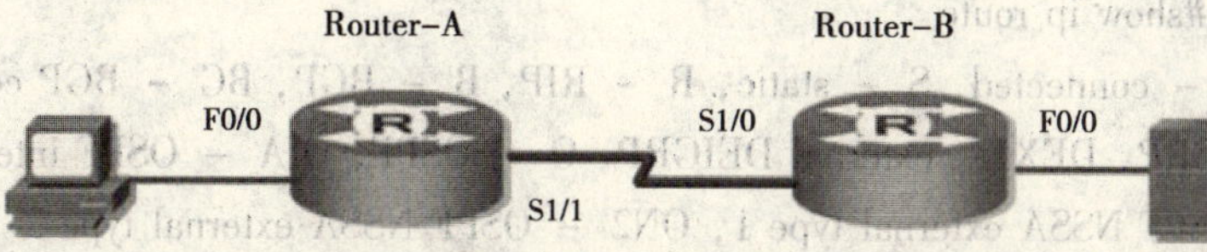

图 3-25 实训拓扑

3.2.4.5 实训要求

配置如下：

Router - A(路由器 A)	Router - B(路由器 B)
F0/0 192.168.0.1/24	F0/0 192.168.2.1/24
S1/1 (DCE) 192.168.1.1/24	S1/0 192.168.1.2/24
PC	Server
IP 192.168.0.3/24	IP 192.168.2.2/24
网关 192.168.0.1	网关 192.168.2.1

3.2.4.6 实训步骤

内部的 PC 需要访问外部的服务器。

假设在路由器 A 上做地址转换，将 192.168.0.0/24 转换成 192.168.1.10 ~ 192.168.1.20 之间的地址，并且做端口的地址复用。

第一步：按配置表将接口地址和 PC 地址配置好，并且做连通性测试。

第二步：配置路由器 A 的 NAT。

Router – A#conf

Router – A_config#ip access – list standard 1　！定义访问控制列表

Router – A_config_std_nacl#permit 192.168.0.0 255.255.255.0　！定义允许转换的源地址范围

Router – A_config_std_nacl#exit

Router – A_config#ip nat pool overld 192.168.1.10 192.168.1.20 255.255.255.0

！定义名为 overld 的转换地址池

Router – A_config#ip nat inside source list 1 pool overld overload

！配置将 ACL 允许的源地址转换成 overld 中的地址，并且做 PAT 的地址复用

Router – A_config#int f0/0

Router – A_config_f0/0#ip nat inside　！定义 F0/0 为内部接口

Router – A_config_f0/0#int s1/1

Router – A_config_s1/1#ip nat outside　！定义 S1/1 为外部接口

Router – A_config_s1/1#exit

Router – A_config#ip route 0.0.0.0 0.0.0.0 192.168.1.2　！配置路由器 A 的缺省路由

第三步：查看路由器 B 的路由表。

Router – B#show ip route

Codes: C – connected, S – static, R – RIP, B – BGP, BC – BGP connected

D – DEIGRP, DEX – external DEIGRP, O – OSPF, OIA – OSPF inter area

ON1 – OSPF NSSA external type 1, ON2 – OSPF NSSA external type 2

OE1 – OSPF external type 1, OE2 – OSPF external type 2

DHCP – DHCP type

VRF ID: 0

C 192.168.1.0/24 is directly connected, Serial1/0

C 192.168.2.0/24 is directly connected, FastEthernet0/0

！注意到并没有 192.168.0.0 的路由

第四步：测试。

第五步：查看地址转换表。

Router – A#show ip nat translatios

Pro. Dir Inside local Inside global Outside local Outside global

ICMP OUT 192.168.0.3: 512 192.168.1.10: 12512 192.168.1.2: 12512

192.168.1.2:12512

! 注意端口的转换

第六步:配置序列。

```
Router - A#show run
Building configuration...
Current configuration:
!
! version 1.3.2E
service timestamps log date
service timestamps debug date
no service password - encryption
!
hostname Router - A
!
!
!
!
!
!
interface FastEthernet0/0
ip address 192.168.0.1 255.255.255.0
no ip directed - broadcast
ip nat inside
!
interface Serial1/0
no ip address
no ip directed - broadcast
physical - layer speed 64000
!
interface Serial1/1
ip address 192.168.1.1 255.255.255.0
no ip directed - broadcast
physical - layer speed 64000
ip nat outside
!
interface Async0/0
no ip address
no ip directed - broadcast
```

```
!
!
!
ip route default 192.168.1.2
!
!
ip access - list standard 1
permit 192.168.0.0 255.255.255.0
!
!
!
!
!
ip nat pool overld 192.168.1.10 192.168.1.20 255.255.255.0
ip nat inside source list 1 pool overld overload
!
```

3.2.5 DHCP 配置实训

3.2.5.1 实训目的

(1)掌握 DHCP Server 的配置;

(2)掌握 DHCP Client 的配置;

(3)掌握 DHCP Relay 的配置。

3.2.5.2 实训内容

在实际应用环境中需要为 DHCP 做中继以便让客户机获得 IP 地址，我们可以将路由器作为 DHCP 的服务器或者客户机。本实训主要介绍如何在路由器上实现 DHCP 的功能。

3.2.5.3 实训设备

(1)路由器 2 台(DCR - 1751);

(2)PC 机 1 台;

(3)网线(交叉线)2 条。

3.2.5.4 实训拓扑

实训拓扑如图 3-26 所示。

3.2.5.5 实训要求

配置如下:

Router - B(路由器 B)	Router - C(路由器 C)	PC 机
F0/0 192.168.2.1	E1/0 192.168.3.1	动态获得 IP 地址

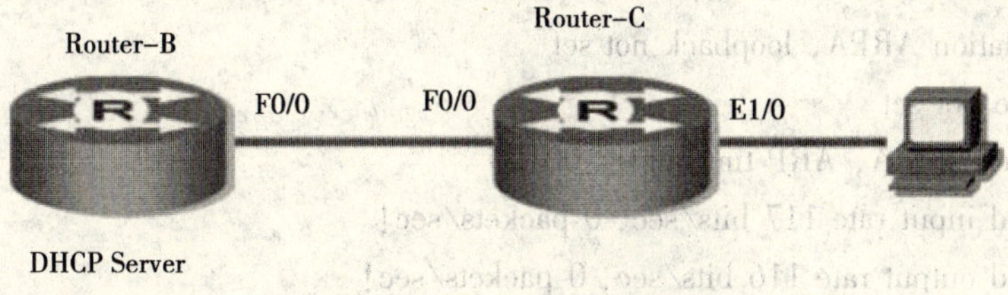

图 3-26 实训拓扑

3.2.5.6 实训步骤

第一步:按照配置表配置接口 IP 地址。

第二步:DHCP 服务器的配置。

Router - B#conf

Router - B_config#ip dhcpd pool 1 ！定义地址池

Router - B_config_dhcp#network 192.168.2.0 255.255.255.0 ！定义网络号

Router - B_config_dhcp#range 192.168.2.10 192.168.2.20 ！定义地址范围

Router - B_config_dhcp#lease 1 ！定义租约为1天

Router - B_config_dhcp#exit

Router - B_config#ip dhcpd enable ！启动 DHCP 服务

第三步:验证。

Router - B#show ip dhcp pool

DHCP Server Address Pool Information:

Pool 1 :

Network : 192.168.2.0

Range : 192.168.2.10 - 192.168.2.20

Total address : 11

Leased address : 1

Abandoned address : 0

Available address : 10

第四步:DHCP 客户机的配置。

Router - C#conf

Router - C_config#int f0/0

Router - C_config_f0/0#ip address dhcp ！配置 DHCP 客户机

Router - C_config_f0/0#^Z

第五步:验证获得地址。

Router - C#show interface f0/0

FastEthernet0/0 is up, line protocol is up

address is 00e0.0f20.0368

Interface address is 192.168.2.10/24 ！获得了地址

MTU 1500 bytes, BW 100000 kbit, DLY 10 usec

Encapsulation ARPA, loopback not set

Keepalive not set

ARP type: ARPA, ARP timeout 04:00:00

60 second input rate 117 bits/sec, 0 packets/sec!

60 second output rate 116 bits/sec, 0 packets/sec!

Full - duplex, 100Mb/s, 100BaseTX, 1804 Interrupt

1729 packets input, 120998 bytes, 200 rx_freebuf

Received 102 unicasts, 0 lowmark, 1729 ri, 0 throttles

0 input errors, 0 CRC, 0 framing, 0 overrun, 0 long

75 packets output, 5213 bytes, 50 tx_freebd, 0 underruns

0 output errors, 0 collisions, 0 interface resets

0 babbles, 0 late collisions, 0 deferred, 0 err600

0 lost carrier, 0 no carrier,0 grace stop,0 bus error

0 output buffer failures, 0 output buffers swapped out

Router - B#show ip dhcp binding ！在服务器上看到被分配的地址

IP Address Hardware Address Type Lease Expired

192.168.2.10 00.e0.0f.20.03.68 automatic Fri Jan 2 00:21:02 2004

第六步:在服务器上新建地址池。

Router - B_config#ip dhcpd pool 2 ！建立地址池

Router - B_config_dhcp#network 192.168.3.0 255.255.255.0 ！设定网络号

Router - B_config_dhcp#range 192.168.3.10 192.168.3.20 ！设定地址范围

Router - B_config_dhcp#default - router 192.168.3.1 ！配置分配给客户机的网关

Router - B_config_dhcp#dns - server 1.1.1.1 ！配置分配给客户机的 DNS 服务器地址

Router - B_config_dhcp#lease 1 ！设定租约为 1 天

Router - B_config_dhcp#^Z

第七步:在路由器 C 上配置 DHCP 中继。

Router - C_config_f0/0#int e1/0 ！进入收到 DHCP 客户机请求的接口

Router - C_config_e1/0#ip address 192.168.3.1 255.255.255.0 ！配置 IP 地址

Router - C_config_e1/0#ip helper - address 192.168.2.1 ！设定中继的 DHCP 服务器地址

Router - C_config_e1/0#exit

Router - C_config#ip dhcpd enable ！启动服务

Router - C_config#

DHCP Service is now starting. Please wait...

DHCP Service started successfully.

第八步:配置 PC 机(见图 3-27)及验证获得地址。

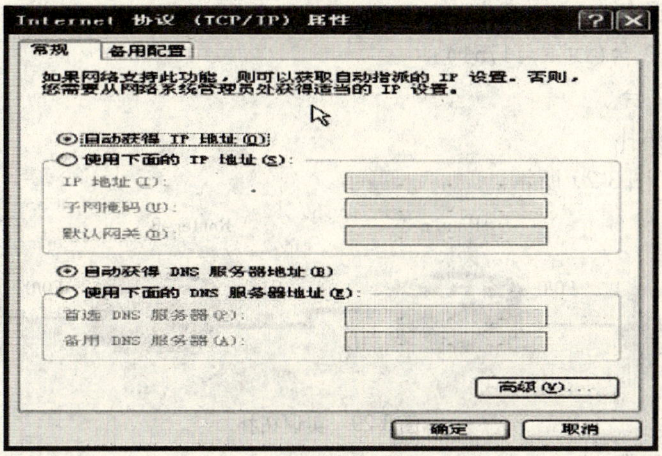

图 3-27 配置 PC 机

运行→cmd→ipconfig/all，结果如图 3-28 所示。

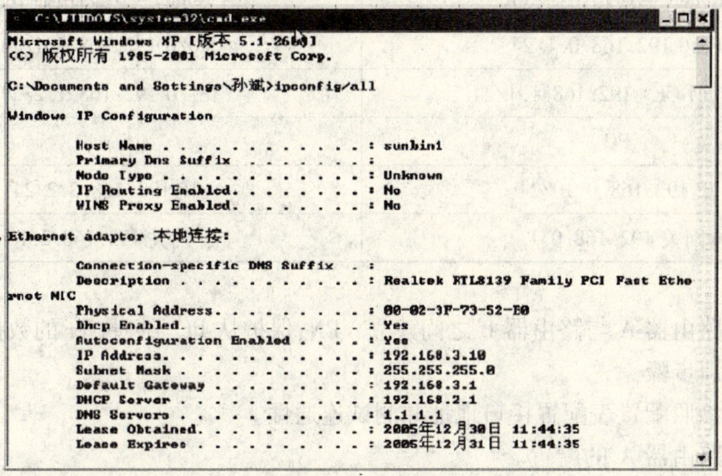

图 3-28 运行命令

注意：

(1) DHCP Relay 的实训一定要新建相应的地址池；

(2) 路由器与 PC 机的连接要使用交叉线。

3.2.6 VPN(GRE)配置实训

3.2.6.1 实训目的

(1)掌握 GRE(通用路由封装)的配置；

(2)隧道接口的作用。

3.2.6.2 实训内容

GRE 主要用于在 Internet 上以 IP 封装 IP 或 IPX 报文。本实训主要介绍如何设置路由器以在 Internet 上实现 VPN 的功能。

3.2.6.3　**实训设备**

(1)路由器 2 台(DCR－1751);

(2)PC 机 2 台。

3.2.6.4　**实训拓扑**

实训拓扑如图 3-29 所示。

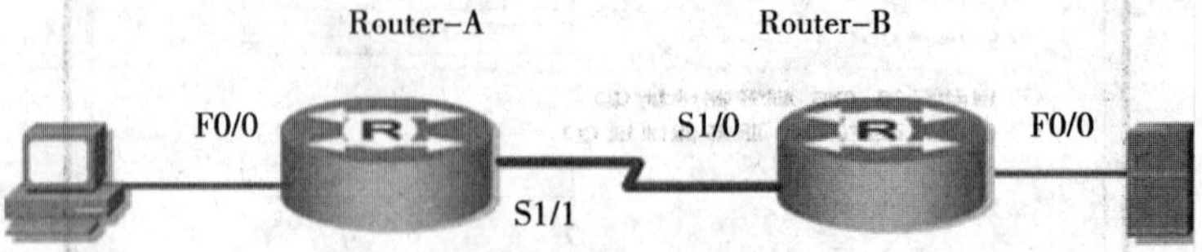

图 3-29　实训拓扑

3.2.6.5　**实训要求**

配置如下:

Router－A(路由器 A)	Router－B(路由器 B)
F0/0 192.168.0.1/24	F0/0 192.168.2.1/24
S1/1 (DCE) 192.168.1.1/24	S1/0 192.168.1.2/24
PC	Server
IP 192.168.0.10/24	IP 192.168.2.2/24
网关 192.168.0.1	网关 192.168.2.1

结果:在路由器 A 与路由器 B 之间建立 VPN,保护从 PC 到 Server 的数据。

3.2.6.6　**实训步骤**

第一步:参照配置表配置接口地址并测试连通性。

第二步:路由器 A 的配置。

Router－A#conf

Router－A_config#ip route 192.168.2.0 255.255.255.0 192.168.1.2　! 配置静态路由

Router－A_config#interface Tunnel0 ! 配置 Tunnel 接口

Router－A_config#ip address 172.16.1.1 255.255.255.0　! 配置 IP 地址

Router－A_config# tunnel source Serial1/1　! 设定物理源接口

Router－A_config# tunnel destination 192.168.1.2　! 设定目的地址

Router－A_config# tunnel key 4　! 设定密钥

第三步:查看配置

Router－A#show int tunnel 0　! 查看 Tunnel 接口

Tunnel0 is up, line protocol is up

Hardware is Tunnel

Interface address is 172.16.1.1/24

MTU 1472 bytes, BW 9 kbit, DLY 50000 usec
Encapsulation TUNNEL, loopback not set
Keepalive(period:0/5 s, retry:0/5)
TUNNEL source 192.168.1.1(Serial1/1), destination 192.168.1.2
TUNNEL protocol/transport GRE/IP, key enabled, sequencing disabled
Checksumming of packets disabled, fast tunneling enabled
60 second input rate 0 bits/sec, 0 packets/sec!
60 second output rate 0 bits/sec, 0 packets/sec!
60 packets input, 2760 bytes input, 0 error, 0 discard
60 packets output, 3960 bytes output, 68 discard

第四步:路由器 B 的配置。

Router－B#conf
Router－B_config#ip route 192.168.0.0 255.255.255.0 192.168.1.1
Router－B_config#interface Tunnel0
Router－B_config#ip address 172.16.1.2 255.255.255.0
Router－B_config#tunnel source Serial1/0
Router－B_config# tunnel destination 192.168.1.1
Router－B_config# tunnel key 4
Router－B_config_s1/0#^Z

第五步:查看配置。

Router－B#show int tunnel 0
Tunnel0 is up, line protocol is up
Hardware is Tunnel
Interface address is 172.16.1.2/24
MTU 1472 bytes, BW 9 kbit, DLY 50000 usec
Encapsulation TUNNEL, loopback not set
Keepalive(period:0/5 s, retry:0/5)
TUNNEL source 192.168.1.2(Serial1/0), destination 192.168.1.1
TUNNEL protocol/transport GRE/IP, key enabled, sequencing disabled
Checksumming of packets disabled, fast tunneling enabled
60 second input rate 0 bits/sec, 0 packets/sec!
60 second output rate 0 bits/sec, 0 packets/sec!
60 packets input, 2760 bytes input, 0 error, 0 discard
60 packets output, 3960 bytes output, 0 discard

第六步:测试。

Ping 192.168.2.2 －t

第4章 网络应用软件的安装与使用

本章内容主要介绍 SQL Server 2005 的安装与使用、SQL Server 2005 服务器启动与暂停、SQL Server Management Studio 以及服务器管理。同时,介绍了基于 B/S 结构的德意电子商务实验室专业版 V3.5 的安装以及软件平台的使用方法。

4.1 SQL Server 2005 的安装与使用

SQL Server 2005 是一个功能强大、操作方便的数据库管理系统,日益受到广大数据库用户的青睐。本节主要介绍 SQL Server 2005 安装过程以及常用工具的使用方法。

4.1.1 实训概述

(1)学习目的:

①掌握 SQL Server 2005 的安装步骤;

②掌握 SQL Server 2005 常用工具的使用方法。

(2)主要内容:

①SQL Server 2005 的安装;

②SQL Server 2005 常用工具的使用。

(3)实训理论要求:

①了解 SQL Server 2005 版本;

②理解 SQL Server 2005 安装的软硬件要求。

4.1.2 安装前的准备

在安装 SQL Server 2005 之前,要准备好安装程序(光盘),即要选对版本。另外,还要考虑计算机系统的软硬件配置。

4.1.2.1 SQL Server 2005 的版本

根据应用程序的需要,安装要求可能有很大不同。SQL Server 2005 的不同版本能够满足企业和个人独特的性能、运行及价格要求。需要安装哪些 SQL Server 2005 组件,也要根据企业或个人的需求而定。

SQL Server 2005 的版本包括企业版(Enterprise Edition)、标准版(Standard Edition)、开发版(Developer Edition)、工作组版(WorkGroup Edition)和精简版(Express Edition)。

1. SQL Server 2005 企业版(32 位和 64 位)

企业版达到了支持超大型企业进行联机事务处(OLTP)、高度复杂的数据分析、数据仓库系统和网站所需的性能水平。企业版的全面商业智能和分析能力及其高可用性功能

(如故障转移群集),使它可以处理大多数关键业务的企业工作负荷。企业版是最全面的 SQL Server 版本,是超大型企业的理想选择,能够满足最复杂的要求。这个版本对 CPU 和内存数量没有限制,对数据库大小也没有限制。

2. SQL Server 2005 标准版(32 位和 64 位)

标准版是适合中、小型企业的数据管理和分析平台。它包括电子商务、数据仓库和业务流解决方案所需的基本功能。标准版的集成商业智能和高可用性功能可以为企业提供支持其运营所需的基本功能。标准版是需要全面的数据管理和分析平台的中、小型企业的理想选择。

3. SQL Server 2005 开发版(32 位和 64 位)

开发版使开发人员可以在 SQL Server 上生成任何类型的应用程序。它包括 SQL Server 2005 企业版的所有功能,但有许可限制,只能用于开发和测试系统,而不能用作生产服务器。开发版是独立软件供应商(ISV)、咨询人员、系统集成商、解决方案供应商以及创建和测试应用程序的企业开发人员的理想选择。开发版可以根据生产需要升级至 SQL Server 2005 企业版。

4. SQL Server 2005 工作组版(32 位)

对于那些在大小和用户数量上没有限制的数据库的小型企业,工作组版是理想的数据管理解决方案。工作组版可以用作前端 Web 服务器,也可以用于部门或分支机构的运营。它包括 SQL Server 产品系列的核心数据库功能,并且可以轻松地升级至标准版或企业版。工作组版是理想的入门级数据库,具有性能可靠、功能强大且易于管理的特点。

5. SQL Server 2005 精简版(32 位)

精简版是一个免费、易用且便于管理的数据库。精简版与 Microsoft Visual Studio 2005 集成在一起,可以轻松开发功能丰富、存储安全、可快速部署的数据驱动应用程序。精简版是免费的,可以再分发(受制于协议),还可以起到客户端数据库以及基本服务器数据库的作用。精简版是低端 ISV、低端服务器用户、创建 Web 应用程序的非专业开发人员以及创建客户端应用程序的编程爱好者的理想选择。

4.1.2.2 SQL Server 2005 安装的基本条件

需要特别注意的是,在 32 位平台上运行 SQL Server 2005 与在 64 位平台上运行 SQL Server 2005 所需要的软件和硬件要求有所不同。所以,在安装之前必须弄清 SQL Server 2005 对软件和硬件的要求。

1. 安装 SQL Server 2005(32 位和 64 位)所需满足的最低硬件要求

- VGA 显示器,分辨率至少为 1024×768 像素;
- 鼠标或兼容的指点设备;
- CD 或 DVD 驱动器;
- PⅡ 500MHz 以上的服务器;
- 群集硬件要求,在 32 位和 64 位平台上,支持 8 节点群集安装(Windows Server 2005 所支持的最大节点数量)。

2. 对软件的要求

(1)浏览器软件:在安装 SQL Server 2005 之前,需安装 Microsoft Internet Explorer 6.0

SP1 及其升级版本,因为微软控制台及 HTML 帮助都需要此软件。

(2)IIS 软件:在安装 SQL Server 2005 之前,需安装 IIS 5.0 及其后续版本,以支持 SQL Server 2005 的报表服务。

(3)ASP. NET 2.0:当安装报表服务时,SQL Server 2005 安装程序会检查 ASP. NET 是否已安装到本机上。

(4)还需要安装以下软件:Microsoft Windows. NET Framework2.0,Microsoft SQL Server Native Client,Microsoft SQL Server Setup support files。

表 4-1 列出了常见操作系统是否支持运行 SQL Server 2005 的各种不同版本。

表 4-1 对操作系统的要求

操作系统	企业版	标准版	开发版	工作组版	精简版
Windows 2000 Professional Edition SP4	否	是	是	是	是
Windows 2000 Server SP4	是	是	是	是	是
Windows 2000 Advanced Server SP4	是	是	是	是	是
Windows 2000 Datacenter Edition SP4	是	是	是	是	是
嵌入式 Windows XP	否	否	否	否	否
Windows XP Home Edition SP2	否	否	是	否	是
Windows XP Professional Edition SP2	否	是	是	是	是
Windows XP Media Edition SP2	否	是	是	是	是
Windows XP Tablet Edition SP2	否	是	是	是	是
Windows 2003 Server SP1	是	是	是	是	是
Windows 2003 Enterprise Edition SP1	是	是	是	是	是
Windows 2003 Datacenter Edition SP1	是	是	是	是	是
Windows 2003 Web Edition SP1	否	否	否	否	是

4.1.3 安装过程

下面就以在 Windows Server 2003 上安装 SQL Server 2005 为例,介绍 SQL Server 2005 的安装过程。

将安装光盘插入光驱后,SQL Server 2005 安装光盘将自动启动安装程序,或手动执行光盘根目录下的 Autorun. exe 文件,这两种方法都可进行 SQL Server 2005 的安装。

(1)将 SQL Server 2005 标准版光盘放入光驱后,运行安装文件。

(2)x86、x64 分别为基于 32 位、64 位的操作系统,请单击与操作系统相匹配的链接以启动安装程序。

(3)单击安装“服务器组件、工具、联机丛书和示例”,如图 4-1 所示。

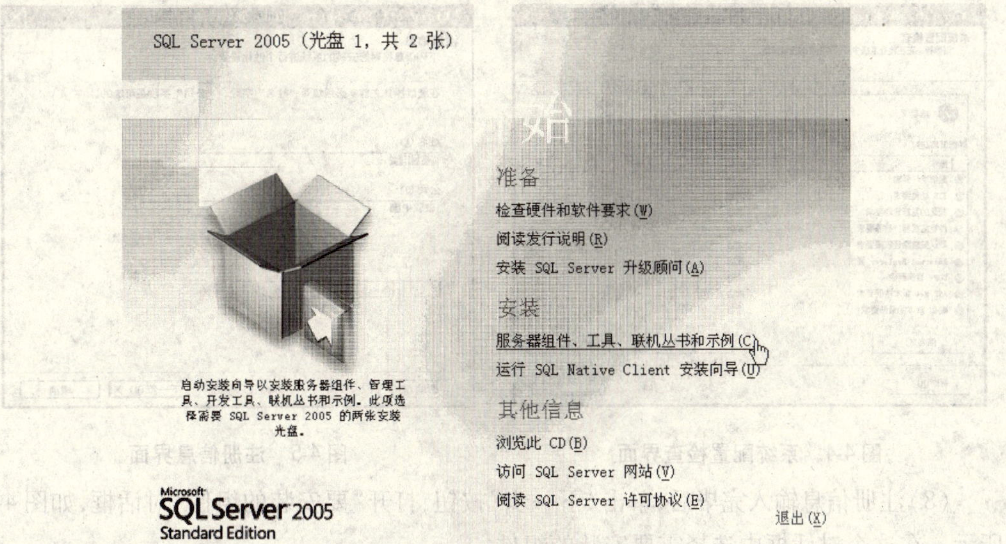

图 4-1 选择安装界面

(4)在打开的“最终用户许可协议”对话框中阅读许可条款，选中“我接受许可条款和条件”复选框，单击“下一步”按钮，如图 4-2 所示。

(5)在打开的“安装必备组件”对话框中，安装程序显示必需的组件，单击“安装”按钮，开始安装必备组件，如图 4-3 所示。

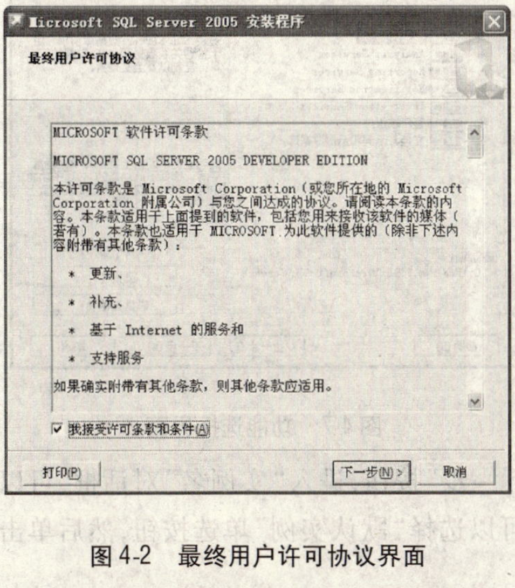

图 4-2 最终用户许可协议界面

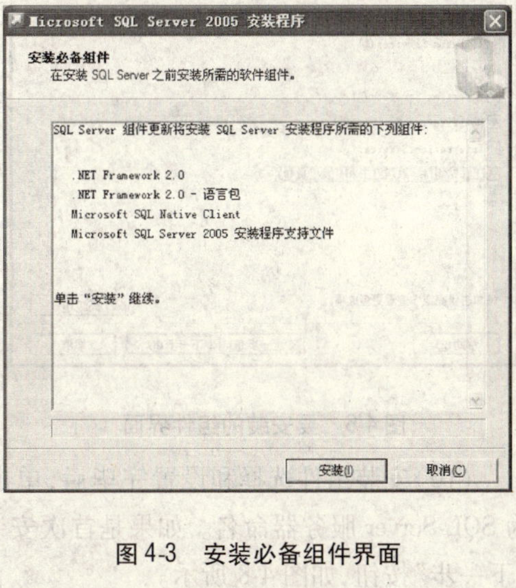

图 4-3 安装必备组件界面

(6)必备组件安装结束后，单击“下一步”按钮，将进入正式安装的向导界面。再次单击“下一步”按钮，进入系统配置检查界面，如图 4-4 所示。

(7)系统配置检查结束后，单击“下一步”按钮，进入“注册信息”对话框，如图 4-5 所示。在这个对话框中需要输入相应的注册信息。

图 4-4　系统配置检查界面

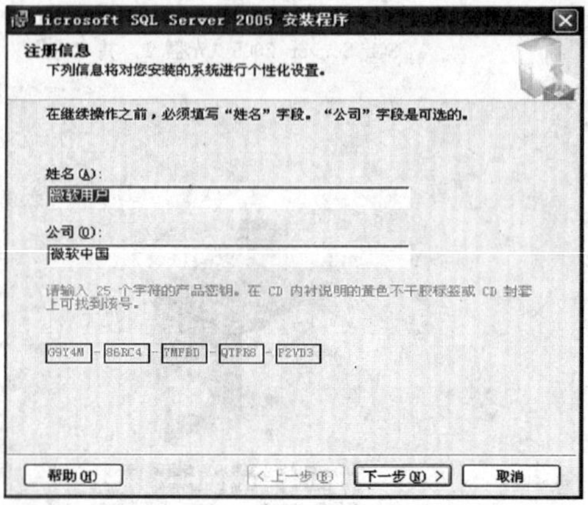

图 4-5　注册信息界面

(8)注册信息输入完毕后,单击"下一步"按钮,打开"要安装的组件"对话框,如图 4-6 所示。在这个对话框中选择需要安装的组件。

(9)单击"高级"按钮可以打开"功能选择"对话框,进行更详细的配置,如图 4-7 所示。

图 4-6　要安装的组件界面

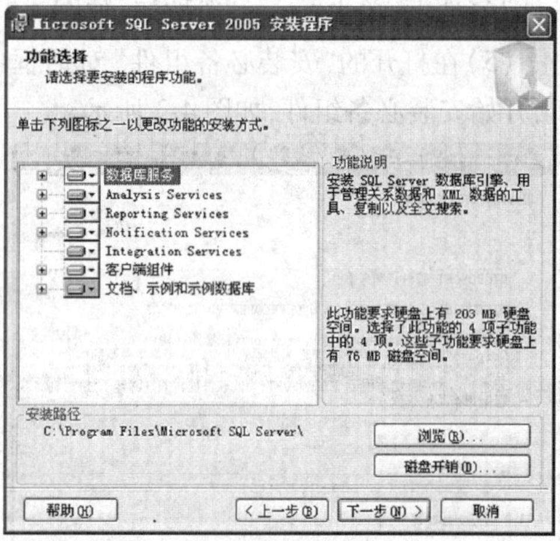

图 4-7　功能选择界面

(10)安装组件选择和设置完毕后,单击"下一步"按钮,进入"实例名"对话框,可以为 SQL Server 服务器命名。如果是首次安装,可以选择"默认实例"单选按钮,然后单击"下一步"按钮,如图 4-8 所示。

(11)选择实例名后,单击"下一步"按钮,进入"服务账户"对话框,为 SQL Server 服务账户指定用户名、密码和域等信息,如图 4-9 所示。SQL Server 允许对所有服务使用一个账户,也可以对每个服务单独指定账户。如果在没有域的环境中使用,可以直接选择使用内置系统账户。此外,在此对话框中还可以选择安装结束时自动启动的服务。

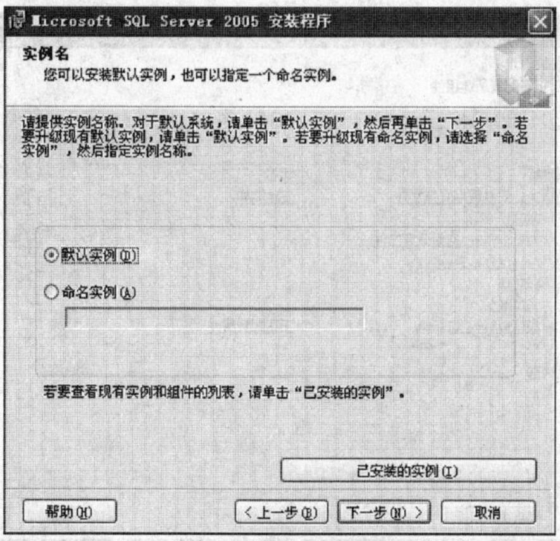

图 4-8　选择实例

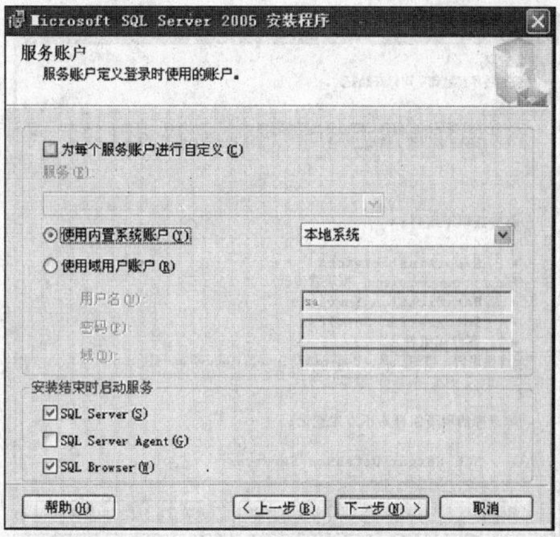

图 4-9　选择使用服务账户

(12)单击"下一步"按钮，进入"身份验证模式"对话框。如果选择"混合模式"，还必须输入默认账户 sa 的密码，而且 sa 默认必须是强密码，如图 4-10 所示。

(13)单击"下一步"按钮，打开"排序规则设置"对话框，指定 SQL Server 实例的排序规则，如图 4-11 所示。

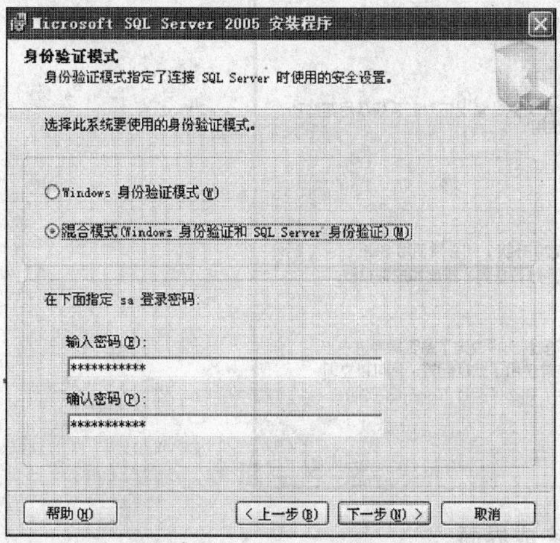

图 4-10　身份验证模式界面

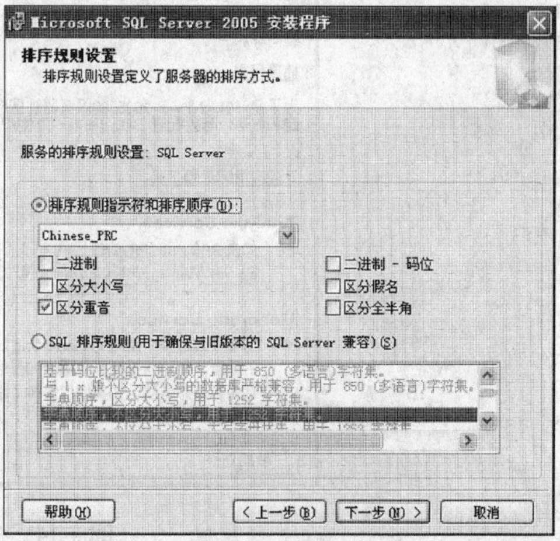

图 4-11　排序规则设置界面

(14)单击"下一步"按钮，进入"错误和使用情况报告设置"对话框，SQL Server 可以将错误及使用情况报告给 Microsoft 公司。单击"下一步"按钮，打开"准备安装"对话框，如图 4-12 所示。

(15)单击"安装"按钮，打开"安装进度"对话框，如图 4-13 所示。在这个对话框中可以监视安装进度。另外，还可以通过单击某个服务的名称，打开该服务安装的日志文件。

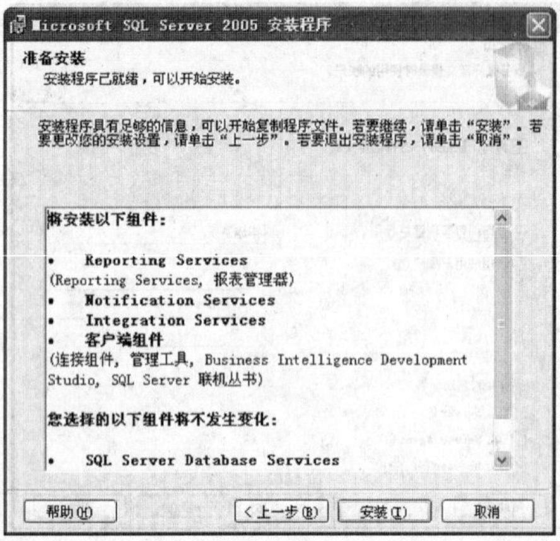

图 4-12　准备安装界面

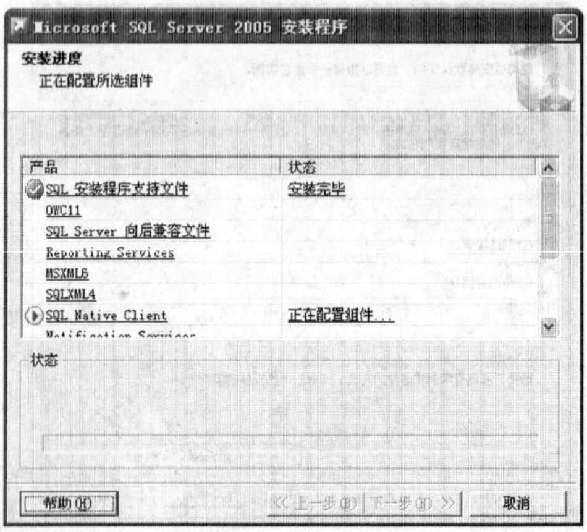

图 4-13　安装进度界面

(16)安装完毕,单击“下一步”按钮,如图 4-14 所示。单击“完成”按钮,安装完毕。

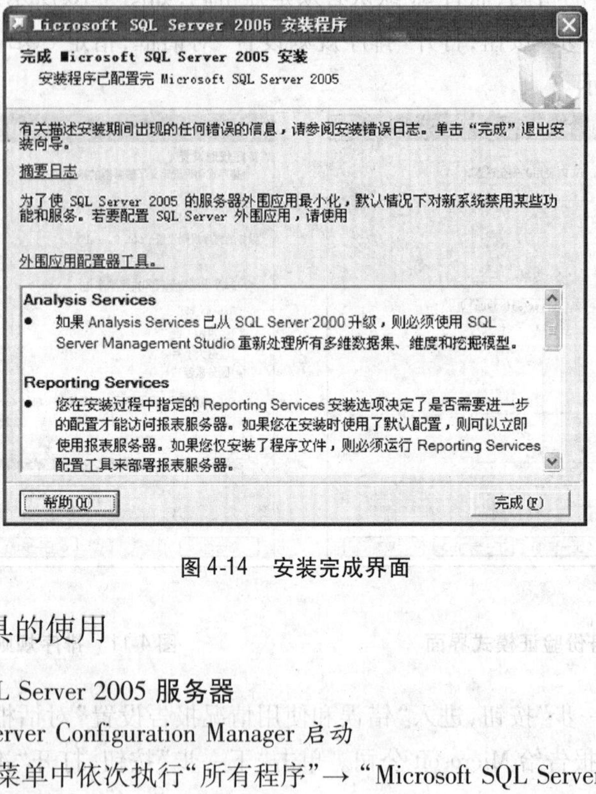

图 4-14　安装完成界面

4.1.4　常用工具的使用

4.1.4.1　启动 SQL Server 2005 服务器

1. *使用 SQL Server Configuration Manager 启动*

(1)在“开始”菜单中依次执行“所有程序”→“Microsoft SQL Server 2005”→“配置工具”→“SQL Server Configuration Manager”命令,打开图 4-15 所示的 SQL Server 配置管理器窗口。

(2)在图 4-15 所示窗口的左侧列表中选择“SQL Server 2005 服务”选项,然后在右侧的列表中选择“SQL Server”选项。

(3)单击工具栏中的“启动服务”按钮,弹出图 4-16 所示的“正在启动服务”提示对话框，此时配置管理器正在启动 SQL Server 服务器。

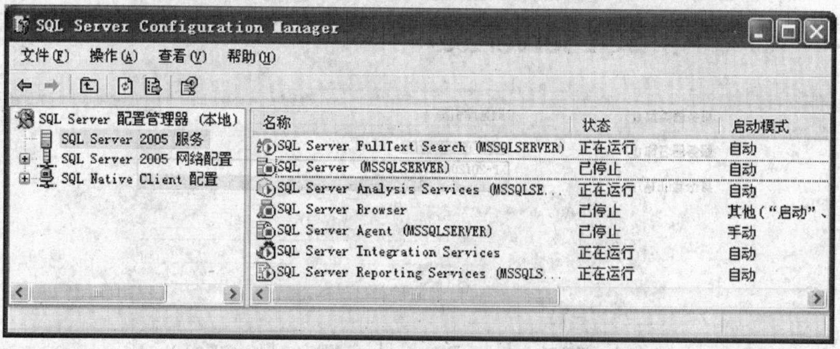

图 4-15　SQL Server 配置管理器窗口

图 4-16　"正在启动服务"提示对话框

2. 使用命令启动

在"开始"菜单中，执行"运行"命令，在弹出的"运行"对话框中输入命令"net start mssqlserver"，然后单击"确定"按钮，即可启动 SQL Server 服务，如图 4-17 所示。

图 4-17　使用命令启动

同样，输入命令"net pause mssqlserver"、"net continue mssqlserver"、"net stop mssqlserver"可以暂停、重新启动、停止 SQL Server 服务。

4.1.4.2　SQL Server Management Studio

Microsoft SQL Server Management Studio 是一个集成环境，用于访问、配置、管理和开发 SQL Server 的所有组件。它将早期版本的 SQL Server 中所包含的企业管理器、查询分析器和 Analysis Manager 的功能整合到一个单一的环境中。

启动 Microsoft SQL Server Management Studio 的方法如下：

(1)执行"开始"→"所有程序"→"Microsoft SQL Server 2005"→"Microsoft SQL Server Management Studio"命令，弹出图 4-18 所示的"连接到服务器"对话框。

(2)在"连接到服务器"对话框中，第一次登录服务器时的名称是默认的计算机名，但可以选择"服务器名称"下拉列表中的"浏览更多"选项，在弹出的"查找服务器"对话框

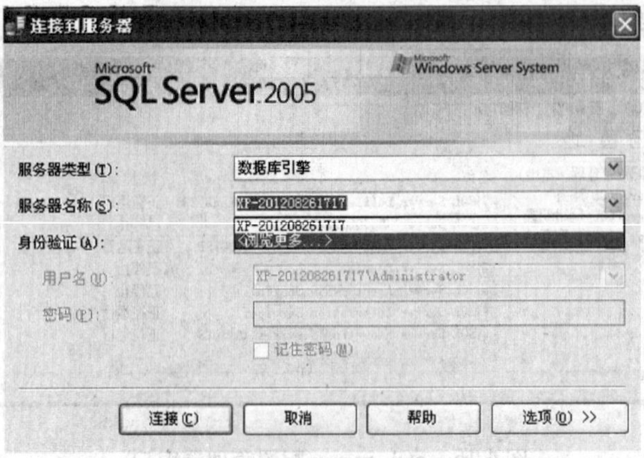

图 4-18　“连接到服务器”对话框

中选择需要登录的服务器,如图 4-19 所示。

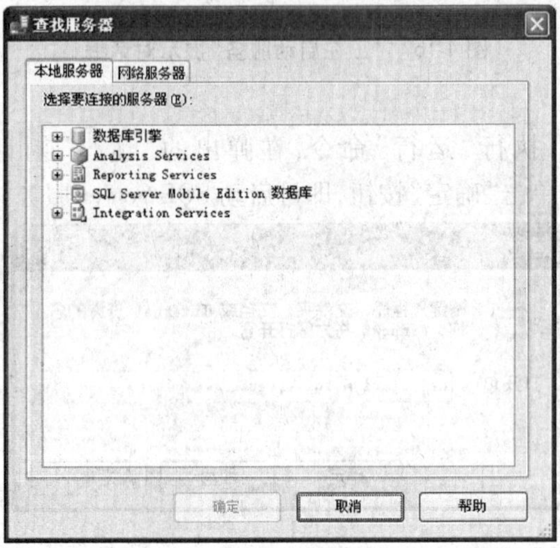

图 4-19　“查找服务器”对话框

(3)选择服务器以后,单击图 4-18 中的“连接”按钮,即可打开“Microsoft SQL Server Management Studio”窗口,如图 4-20 所示。

4.1.4.3　服务器管理

SQL Server 可以管理多个服务器,因此就需要连接和组织服务器,进行服务器管理。方法是首先注册服务器,然后组织成服务器组。

1. 注册服务器

注册服务器是在 Microsoft SQL Server Management Studio 中完成的,它能满足 SQL Server 管理员管理服务器的需要。在 Microsoft SQL Server Management Studio 中,注册和管理任务又是使用对象资源管理器来完成的,步骤如下:

(1)打开“Microsoft SQL Server Management Studio”窗口,如图 4-20 所示。

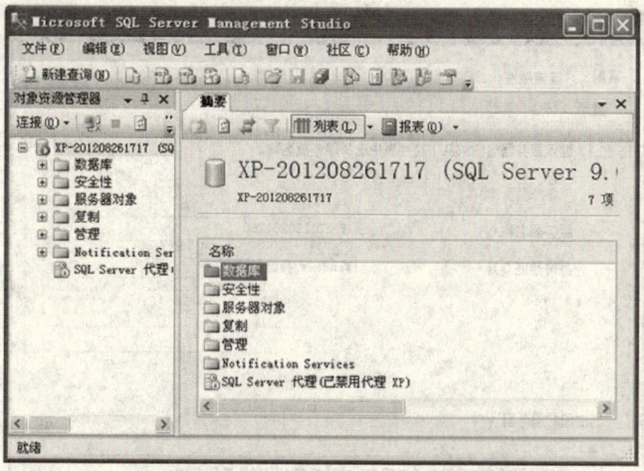

图4-20　“Microsoft SQL Server Management Studio”窗口

(2)单击工具栏上的“已注册的服务器”按钮;在窗口的左侧打开“已注册的服务器”窗口,如图4-21所示。

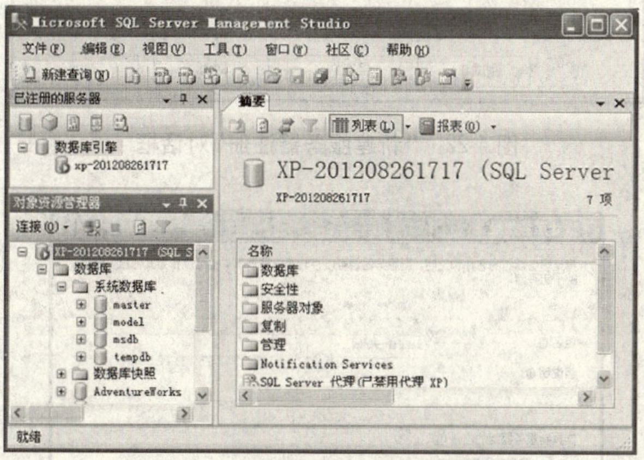

图4-21　“已注册的服务器”窗口

(3)在“已注册的服务器”窗口的空白处右击,在弹出快捷菜单中选择“新建”→“服务器注册”选项,弹出图4-22所示的“新建服务器注册”对话框。

(4)在“服务器名称”下拉列表中选择服务器的名称;在“身份验证”下拉列表中选择身份验证模式,单击“保存”按钮,完成服务器注册。

2. 创建服务器组

创建服务器组是为了在Microsoft SQL Server Management Studio中登记服务器时可以把服务器加入到服务器组中,以方便管理,步骤如下:

(1)创建服务器组前两步与注册服务器相同,从第(3)步开始,在“已注册的服务器”窗口中右击,在弹出的快捷菜单中选择“新建”→“服务器组”选项,弹出图4-23所示的“新建服务器组”对话框。

(2)输入服务器组的组名以及组说明后单击“保存”按钮即可。

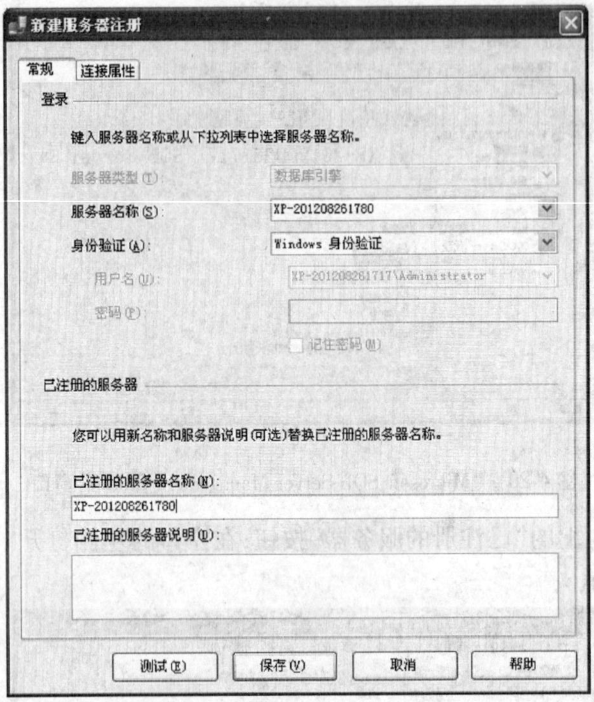

图 4-22　"新建服务器注册"对话框

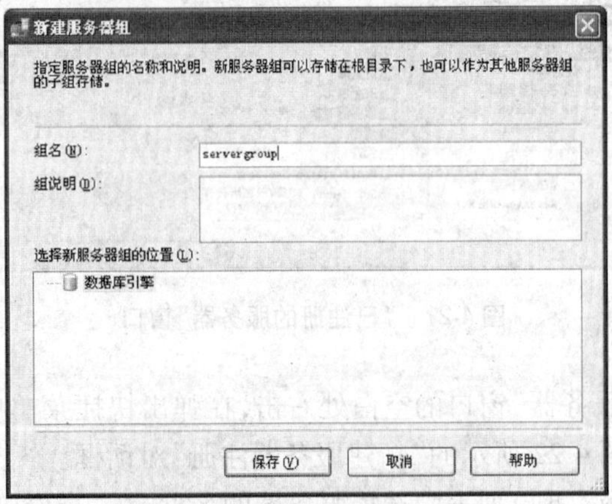

图 4-23　"新建服务器组"对话框

4.1.5　实训过程与实训报告

(1)安装 SQL Server 2005 标准版,写出其实训报告。

(2)SQL Server 2005 服务器的启动与暂停、SQL Server Management Studio 以及服务器管理等常用工具的使用与配置,写出配置过程的实训报告。

4.2 电子商务类(B/S结构)软件安装和使用

基于B/S结构的电子商务类软件,目前使用比较普遍的是德意电子商务实训平台。本节主要介绍德意电子商务实验室专业版V3.5的安装与使用。

4.2.1 实训概述

(1)学习目的:

①掌握德意电子商务实验室专业版V3.5的安装步骤。

②掌握德意电子商务实验室专业版V3.5的使用方法。

(2)主要内容:

①德意电子商务实验室专业版V3.5的安装。

②德意电子商务实验室专业版V3.5的使用。

(3)实训理论要求:

①了解德意电子商务实验室专业版V3.5。

②理解德意电子商务实验室专业版V3.5安装的软硬件要求。

4.2.2 软件安装

4.2.2.1 软件安装的软硬件基本要求

1. 硬件运行环境

服务器1台:P4 1G/10.3G/512M以上配置。

2. 软件环境要求

(1)服务器操作系统:Windows 2000 Professional以上版本。

(2)数据库服务器:SQL Server 2005。

3. 网络环境

(1)本软件可以单机运行。

(2)网络环境:局域网、广域网。

4.2.2.2 软件的安装步骤

(1)将软件安装光盘放入计算机的光驱内,系统自动运行安装程序。如系统不支持光盘自动播放,则找到光盘中的setup安装文件,并运行它。安装界面如图4-24所示。

(2)本软件使用加密狗进行注册,所以安装软件前首先要安装加密狗驱动程序。在图4-24中单击“安装”按钮,安装加密狗驱动程序,安装完成后显示如图4-25所示。

(3)单击“退出”按钮,进入软件安装向导,如图4-26所示。

(4)单击“下一步”按钮,进入许可证协议界面,如图4-27所示。

(5)仔细阅读许可证协议,同意并接受协议的全部内容,然后单击“是”按钮,进入客户信息界面,如图4-28所示。

(6)填写用户名、公司名称和序列号,然后单击“下一步”按钮,进入选择目的地位置界面,如图4-29所示。

图 4-24　安装界面

图 4-25　安装加密狗驱动程序

(7)点击“浏览”按钮，选择软件安装的目的路径，然后单击“下一步”按钮，进入选择

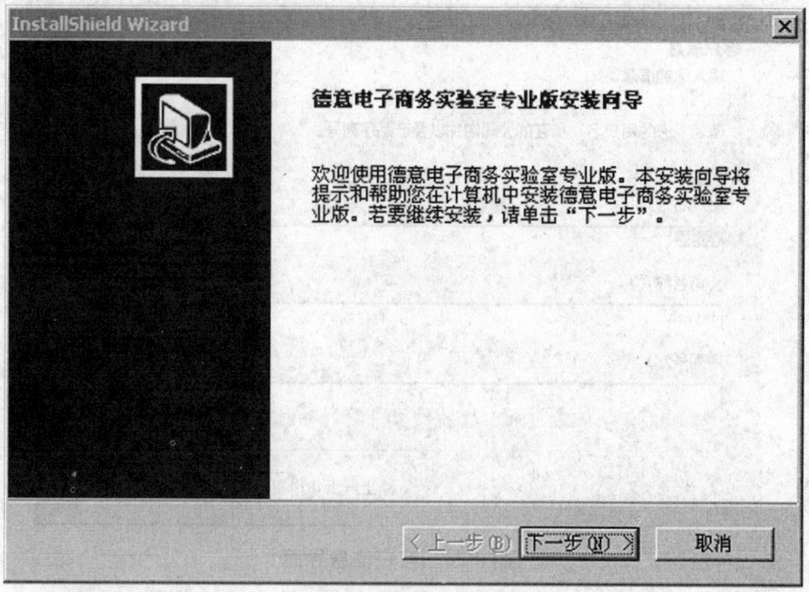

图4-26 软件安装向导

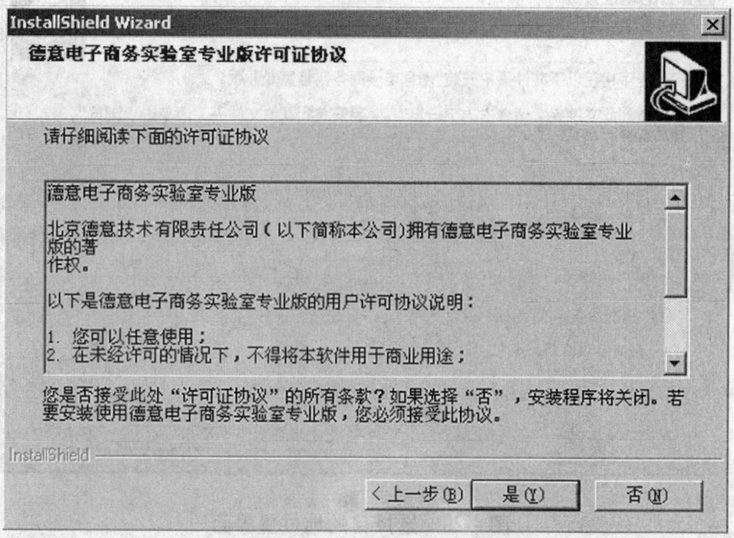

图4-27 许可证协议界面

程序文件夹界面，如图4-30所示。

(8)选择默认的程序文件夹，然后单击“下一步”按钮，开始拷贝程序。安装状态界面如图4-31所示。

(9)拷贝程序完成后，进入数据库配置界面，如图4-32所示。

(10)输入数据库服务器的连接地址，登录数据库服务器的用户账户和用户密码(SQL Server 2005的管理员默认用户账号是sa)，然后单击“下一步”按钮，显示如图4-33所示。

(11)安装完成后，第一次运行前需要先重新启动计算机。请选择“是，立即重新启动

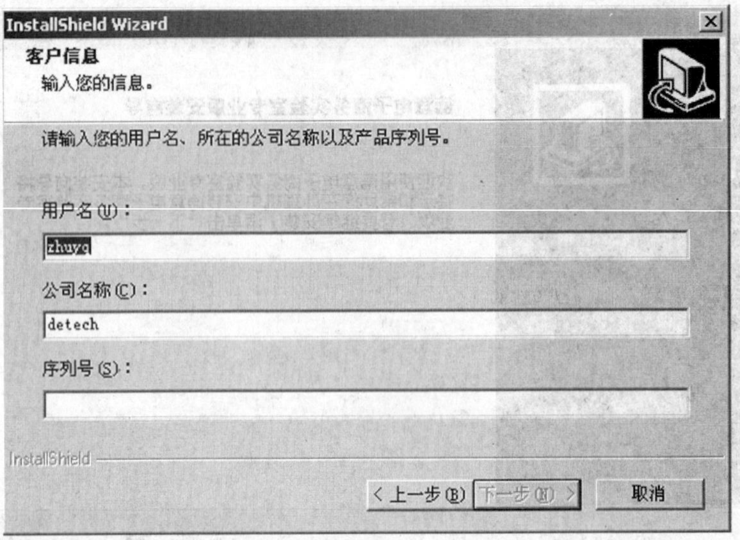

图 4-28　客户信息界面

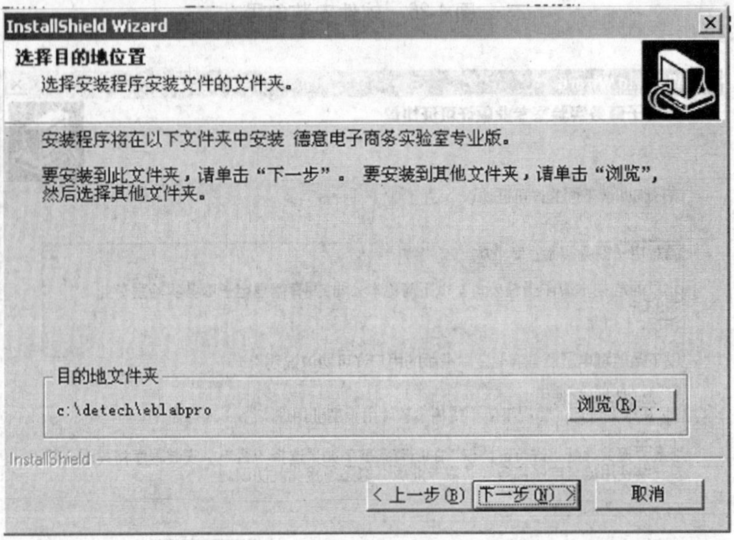

图 4-29　选择目的地位置界面

计算机",然后单击"完成"按钮,完成安装过程。

4.2.3　系统运行与卸载

4.2.3.1　系统运行

运行之前进行数据库配置,请点击"开始"菜单的"程序"项,找到"德意电子商务实验室专业版 V3.5"项,然后单击"数据库配置工具",登录账号为 sa,登录密码为数据库的登录密码,如图 4-34 所示。

使用软件前,需要启动 JBOSS 服务器(软件自带 JBOSS 服务器)。单击"开始"菜单的"程序"项,找到"德意电子商务实验室专业版 V3.5"项,然后单击"启动德意电子商务

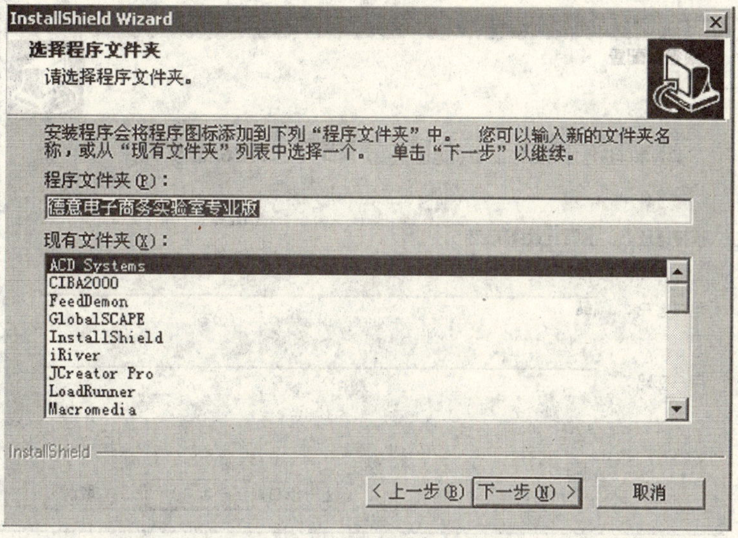

图 4-30　选择程序文件夹界面

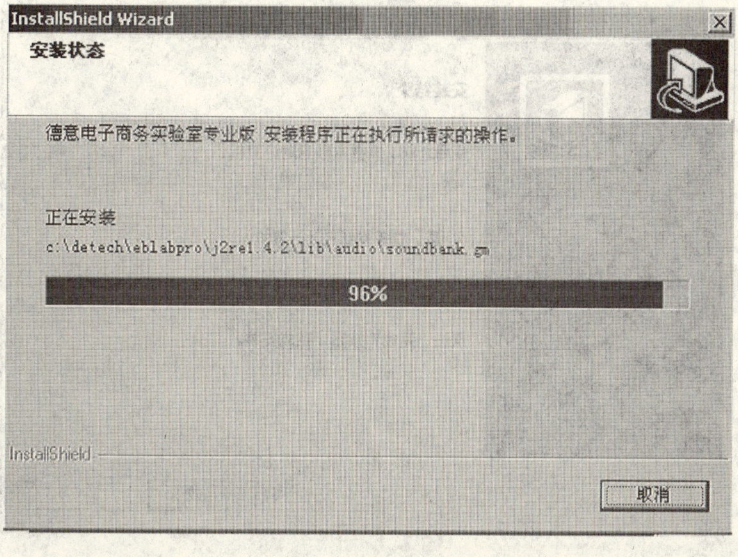

图 4-31　安装状态界面

实验室专业版 V3.5”，如图 4-35 所示。

启动德意电子商务实验室专业版的 JBOSS 服务器后，显示如图 4-36 所示的窗口。在软件运行过程中，不要关闭该窗口。关闭该窗口，即关闭德意电子商务实验室专业版的 JBOSS 服务器。

启动德意电子商务实验室专业版后，就可以开始使用软件了。在“开始”菜单的“程序”项，找到“德意电子商务实验室专业版 V3.5”项，单击“进入德意电子商务实验室专业版 V3.5”，进入软件登录首页，如图 4-37 所示。

也可以打开 IE 浏览器，然后在浏览器的地址栏输入：http://服务器 IP 地址:8081/

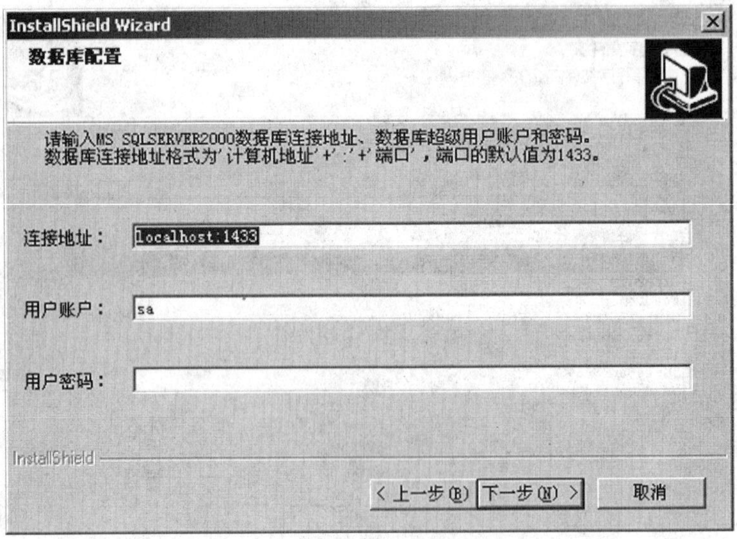

图 4-32　数据库配置界面

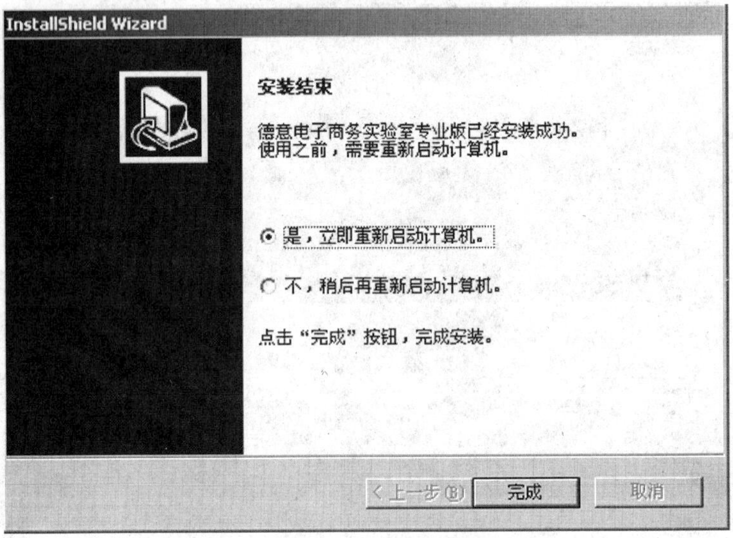

图 4-33　安装结束界面

TeachPlatform,进入软件登录首页。

4.2.3.2　系统卸载

如果要卸载软件,只需要从图 4-38 中选择“卸载”按钮,然后按照屏幕提示操作就可以了。

4.2.4　实训过程与实训报告

(1)通过运行电子商务模拟软件,掌握 B2B、B2C、C2C 电子商务模式基本流程,并写出实训报告。

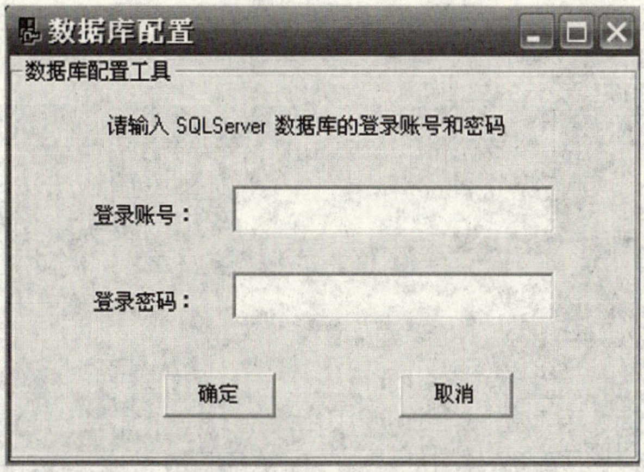

图 4-34 数据库配置工具界面

图 4-35 启动德意电子商务实验室专业版 V3.5

(2)熟悉 EDI,查看对外贸易中买卖双方的整个 EDI 过程,写出 EDI 买卖双方交易的流程实训报告。

(3)通过实训,了解网上购物的整个过程,在网络上进行不同种类产品的订购,并写出网上订购过程的实训报告。

(4)理解 CA 证书认证的基本过程,掌握 CA 证书的申请与运用,写出 CA 证书认证实训报告。

(5)理解网上银行支付作用,拥有自己的网上银行账号,并用于系统内的各种网上支付活动,写出网上银行支付实训报告。

图 4-36 JBOSS 服务器窗口

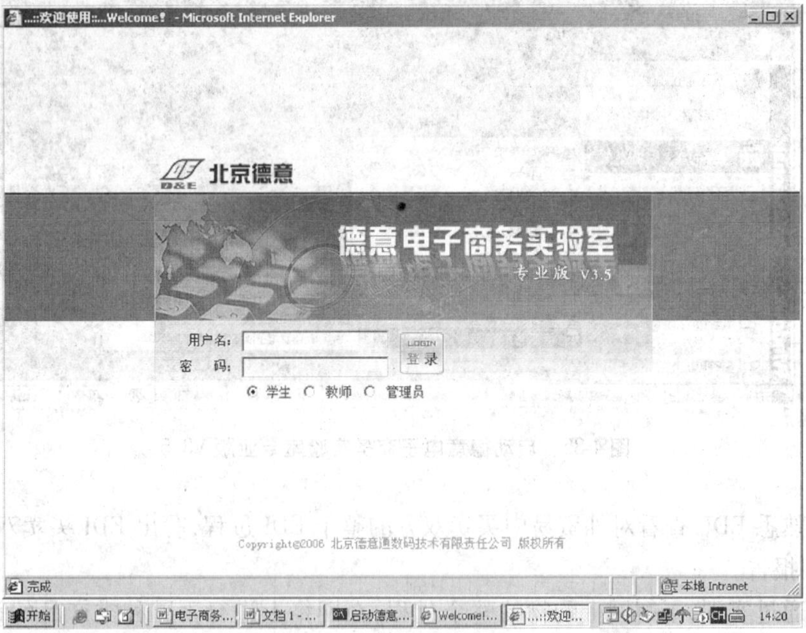

图 4-37 软件登录首页

(6)利用 Internet 进行网络广告发布，分析不同广告形式的优劣，写出实训报告。

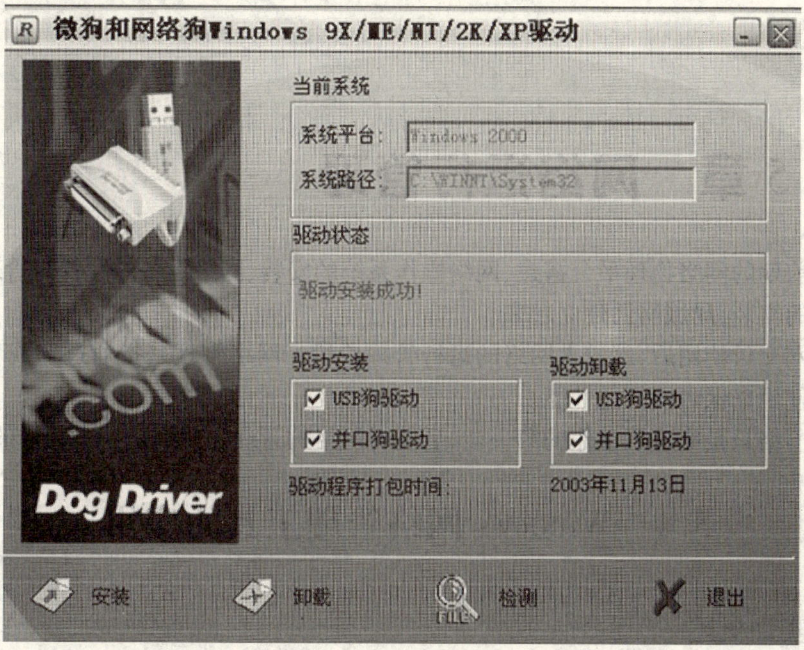
微狗和网络狗Windows 9X/ME/NT/2K/XP驱动
当前系统
系统平台:
Windows 2000
系统路径:
C:\WINNT\System32
驱动状态
驱动安装成功!
驱动安装
USB狗驱动
并口狗驱动
驱动卸载
USB狗驱动
并口狗驱动
驱动程序打包时间:
2003年11月13日
Dog Driver
安装
卸载
检测
退出

图 4-38　卸载软件

第 5 章 网络运行管理

通过前期的网络物理平台搭建、网络操作系统的安装、网络设备的配置与管理和网络应用软件的安装,局域网已建立起来。

局域网交付使用后,就进入网络的运行管理阶段。网络管理是指通过监视和控制网络资源的使用来保障网络的性能。

建立网络只是完成了工作的第一步,后续对网络的管理和使用是一个长期的过程。

5.1 Windows 网络管理工具的应用

5.1.1 实训概述

网络管理包括对网络的使用状态进行监测,对线路及网络设备的流量、延迟、丢包率等数据进行采集,并及时发现、定位、排除故障。总的来说,网络管理的主要任务是对网络的运行状态进行监测和控制,从而保障网络的安全运行。

通过一些 NET 命令,我们可以了解网络的运行状态,有一些测试软件也可以帮助我们对网络的状态进行了解。

5.1.2 NET 命令集

常用的网络命令有 Ping 命令、Ipconfig 命令、Nbtstat 命令、Netstat 命令、Tracert 命令、Net 命令、Arp 命令等。

5.1.2.1 Ping 命令

Ping 用于确定网络的连通性。

Ping 命令的格式为:

Ping [-t][-a][-n count][-l size][-f][-i TTL][-v TOS][-r count][-s count][[-j host - list]|[-k host - list]][-w timeout] target_name

Ping 命令的参数包括[-t][-a][-n count][-l size][-f][-i TTL][-v TOS][-r count][-s count][[-j host - list]|[-k host - list]][-w timeout],如图 5-1 所示。

各参数的功能如下:

- -t:一直 Ping 某一特定 IP 值,直到按下 Ctrl + C 组合键停止。
- -a:将地址解析为计算机的主机名。
- -n count:确定发送的回送请求的数目,默认值为 4。
- -l size:设定发送缓冲区大小。
- -f:在数据包发送中不要分段标志。

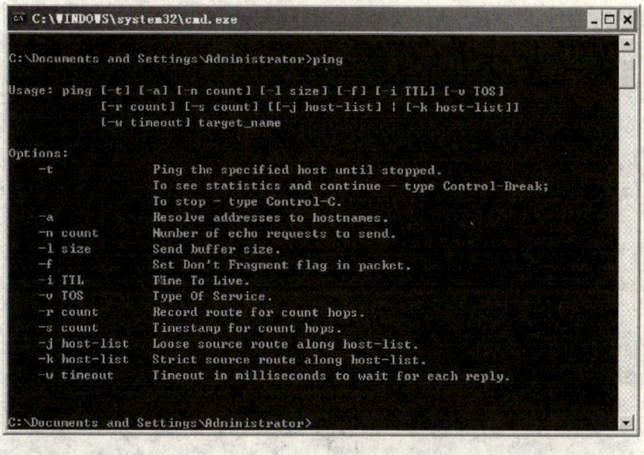

图 5-1 Ping 命令的参数

- -i TTL：存活时间。
- -v TOS：服务类型。
- -r count：记录路由的跳数。
- -s count：时间戳跳计数。
- -j host-list：松散的源路由列表。
- -k host-list：严格的源路由列表。
- -w timeout：指定超时时间间隔(单位为 ms)，默认值为 1000。

使用 Ping 命令时，可以采取如下形式：

Ping 主机名

Ping 域名

Ping IP 地址

通过一系列的 Ping 命令，可以检测出网络是否连通，问题出现在什么地方。

Ping 命令示例：

(1)Ping 127.0.0.1，如图 5-2 所示。

127.0.0.1 为环回地址。如果该命令测试成功，表明网卡和 TCP/IP 协议安装正常，IP 地址和子网掩码设置正常。

(2)Ping 本机 IP，如图 5-3 所示。

该命令用来验证本机是否被正确添加到网络。如果不能 Ping 通，说明本地配置或安装存在问题。

(3)Ping 局域网内其他 IP，如图 5-4 所示。

配置不成功，表明局域网内该 IP 地址的主机无法连通。

(4)Ping 网关 IP，如图 5-5 所示。

配置正确，表明局域网中的网关路由器能够作出应答。

(5)Ping 域名或 Ping 远程 IP，如图 5-6 所示。

Ping 域名和 Ping 远程 IP 的效果相同，可以用来测试某远程网络地址是否连通。

(6)修改 Ping 的参数来自定义测试格式，如图 5-7 所示。

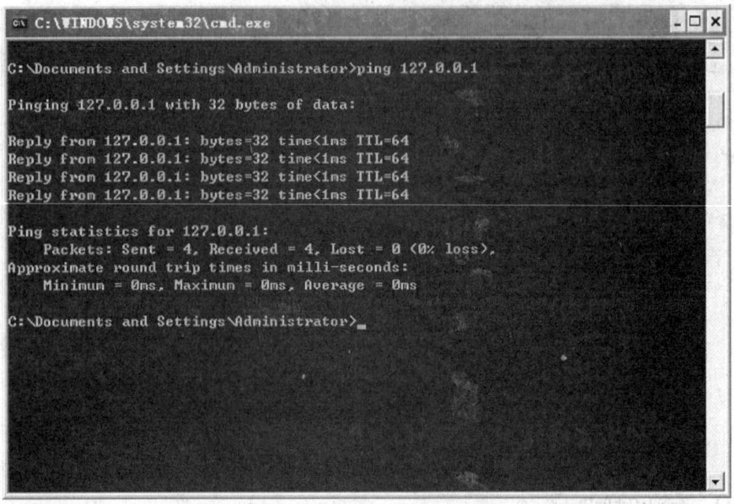

图 5-2　Ping 127.0.0.1

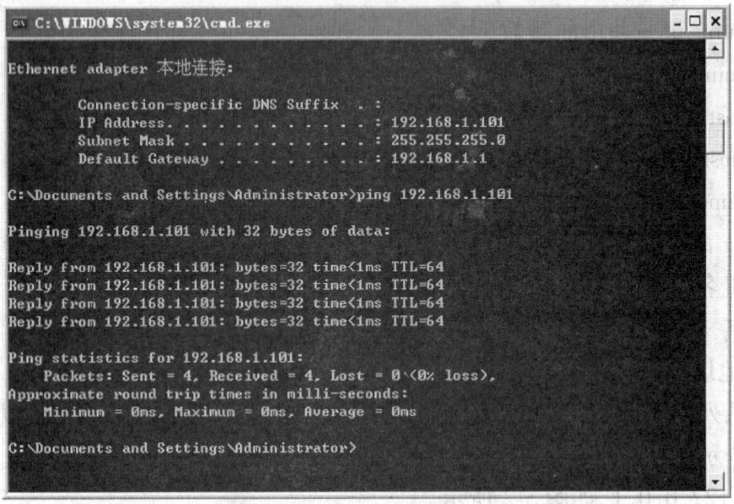

图 5-3　Ping 本机 IP

如:Ping － n 6 － l 1000 本地 IP 地址

修改回送包的数目为 6,每个数据包的大小为 1000 字节。

5.1.2.2　Ipconfig 命令

Ipconfig 命令可以用来查看或修改 TCP/IP 协议的有关配置。

Ipconfig 命令的格式为:

Ipconfig[/? |/all]|/renew[adapter]|/release[adapter]|/flushdns|/displaydns|/registerdns|/showclassid adapter|/setclassid adapter[classid]

该命令的参数为[/? |/all]|/renew[adapter]|/release[adapter]|/flushdns|/displaydns|/registerdns|/showclassid adapter|/setclassid adapter[classid],如图 5-8 所示。

如果缺省参数,则只显示 IP 地址、子网掩码和网关地址。参数 all 可以显示完全配置。在使用 Renew 和 Release 命令时,需要指出网络适配器的名称,否则所有使用 ICP/IP

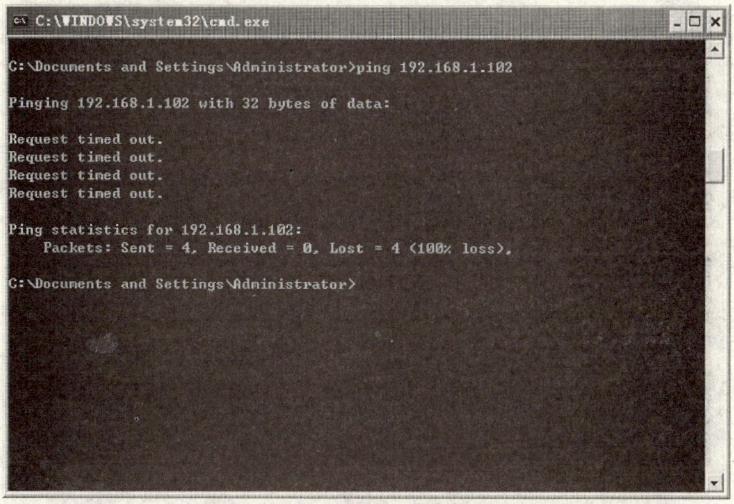

图 5-4　Ping 局域网内其他 IP

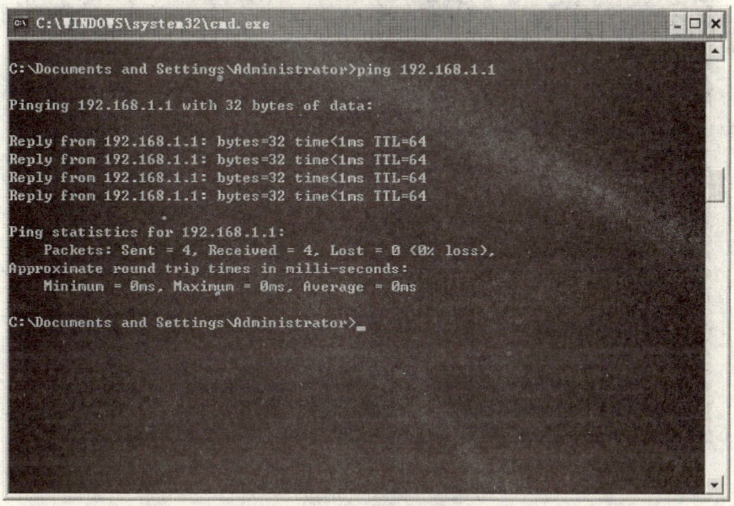

图 5-5　Ping 网关 IP

的适配器都会被更新或解除 IP 地址。适配器的名称可以使用通配符 * 或?。

Ipconfig 命令示例：

(1)缺省参数的显示情况如图 5-9 所示。

(2)完全配置则可以显示主机名、适配器地址、DNS 服务器 IP 地址等完整的配置信息，如图 5-10 所示。

5.1.2.3　Nbtstat 命令

Nbtstat 使用 NBT(NetBIOS over TCP/IP)来显示协议统计信息和当前的 TCP/IP 连接。

Nbtstat 命令的格式为：

Nbtstat [[-a RemoteName][-A IP address][-c][-n][-r][-R][-RR][-s][-S][interval]]。

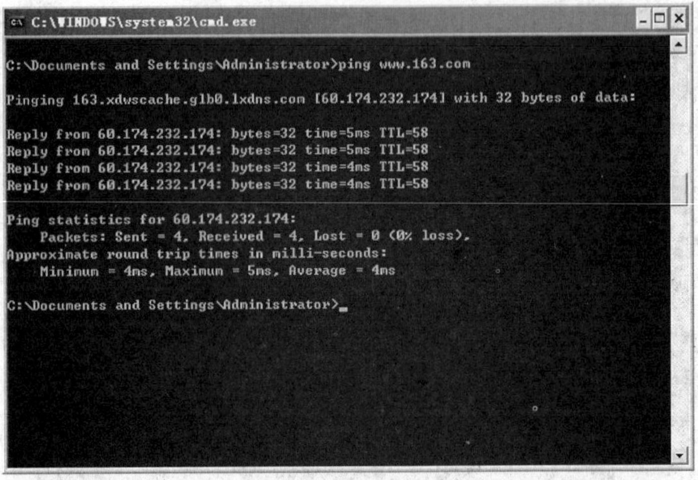

图 5-6 Ping 远程 IP

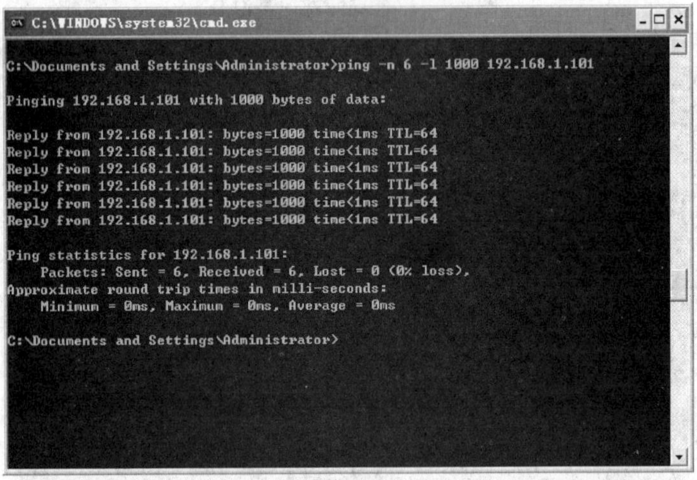

图 5-7 修改 Ping 的参数

Nbtstat 命令的参数为[-a RemoteName][-A IP address][-c][-n][-r][-R][-RR][-s][-S][interval],如图 5-11 所示。

各参数的功能如下:

- -a RemoteName:给出远程计算机名,要求显示远程计算机的 NetBIOS 名称表。
- -A IP address:给出远程计算机的 IP 地址,要求显示远程计算机的 NetBIOS 名称表。
- -c:列出 NBT 的高速缓存表。
- -n:列出本地计算机的 NetBIOS 名称表。
- -r:显示 NetBIOS 名称解析统计资料。在配置使用 WINS 的 Windows 2000 计算机上,该参数将返回已通过广播或 WINS 来解析和注册的名称数。
- -R:清除并重新载入远程计算机的名称表。
- -RR:发送名称释放包,并开始刷新。

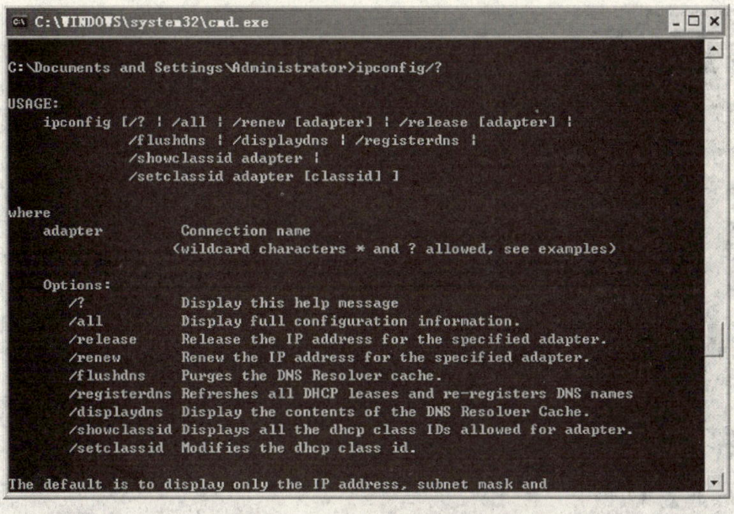

图 5-8　Ipconfig 命令的参数

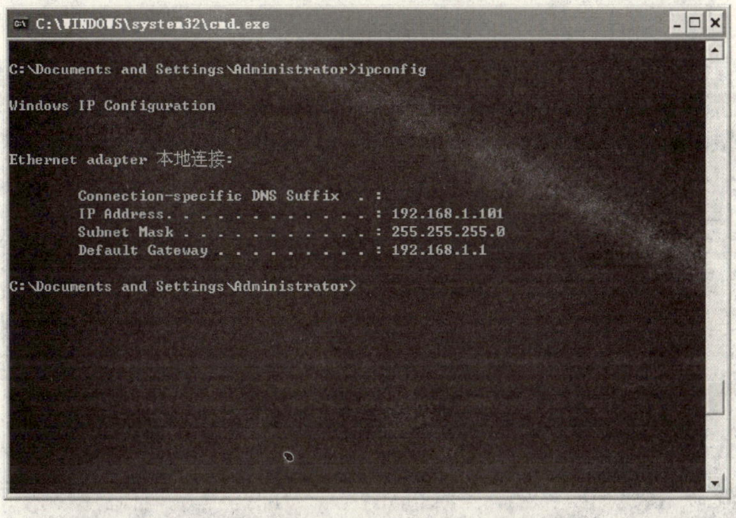

图 5-9　Ipconfig 命令

- －S:列出目标 IP 地址会话表。
- －s:列出会话表转换目标 IP 地址的计算机的 NetBIOS 名称。

Nbtstat 命令示例:

(1)Nbtstat －n,如图 5-12 所示。

使用 Nbtstat － n 命令可以查看本地计算机的 NetBIOS 名称表。

(2)Nbtstat － r,如图 5-13 所示。

使用 Nbtstat － r 命令可以查看 NetBIOS 名称解析统计资料。

5.1.2.4　Netstat 命令

Netstat 命令的格式为:

Netstat [－a][－b][－e][－n][－o][－p proto][－r][－s][－v][interval]

Netstat 命令的参数为[－a][－b][－e][－n][－o][－p proto][－r][－s][－v]

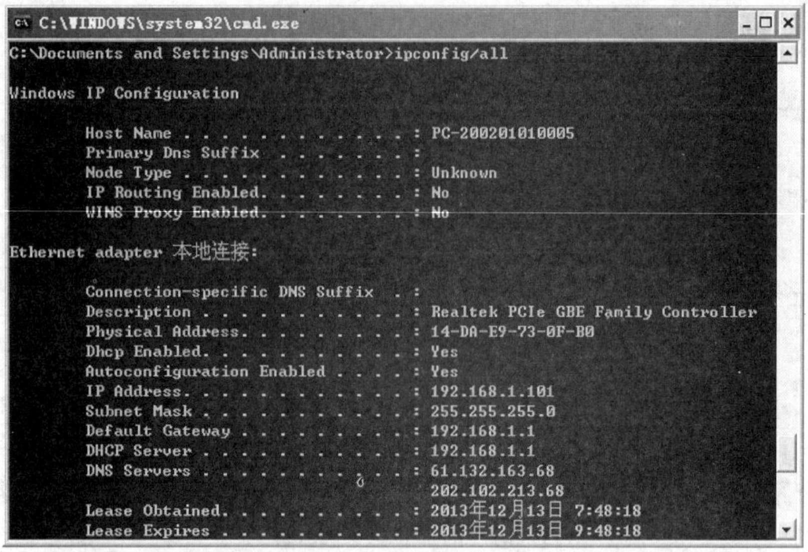
```
C:\WINDOWS\system32\cmd.exe
C:\Documents and Settings\Administrator>ipconfig/all

Windows IP Configuration

        Host Name . . . . . . . . . . . . : PC-200201010005
        Primary Dns Suffix  . . . . . . . :
        Node Type . . . . . . . . . . . . : Unknown
        IP Routing Enabled. . . . . . . . : No
        WINS Proxy Enabled. . . . . . . . : No

Ethernet adapter 本地连接:

        Connection-specific DNS Suffix  . :
        Description . . . . . . . . . . . : Realtek PCIe GBE Family Controller
        Physical Address. . . . . . . . . : 14-DA-E9-73-0F-B0
        Dhcp Enabled. . . . . . . . . . . : Yes
        Autoconfiguration Enabled . . . . : Yes
        IP Address. . . . . . . . . . . . : 192.168.1.101
        Subnet Mask . . . . . . . . . . . : 255.255.255.0
        Default Gateway . . . . . . . . . : 192.168.1.1
        DHCP Server . . . . . . . . . . . : 192.168.1.1
        DNS Servers . . . . . . . . . . . : 61.132.163.68
                                            202.102.213.68
        Lease Obtained. . . . . . . . . . : 2013年12月13日 7:48:18
        Lease Expires . . . . . . . . . . : 2013年12月13日 9:48:18
```

图 5-10　Ipconfig/all

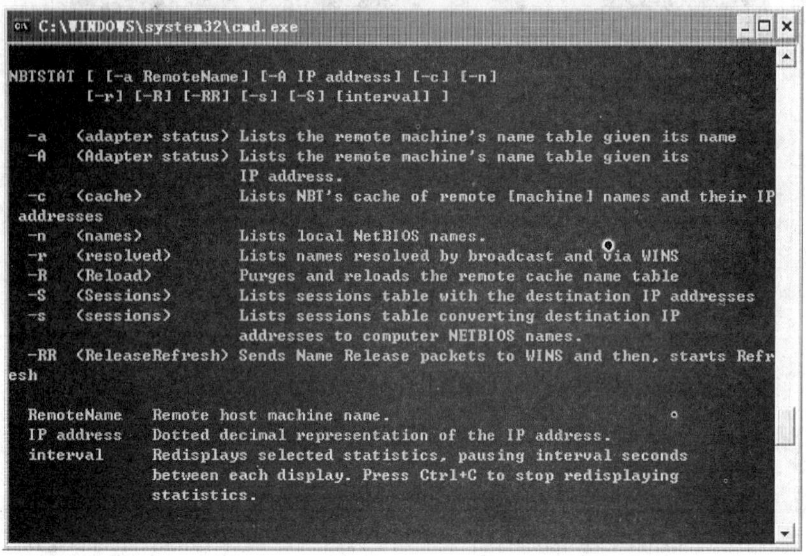
```
C:\WINDOWS\system32\cmd.exe

NBTSTAT [ [-a RemoteName] [-A IP address] [-c] [-n]
        [-r] [-R] [-RR] [-s] [-S] [interval] ]

  -a   (adapter status) Lists the remote machine's name table given its name
  -A   (Adapter status) Lists the remote machine's name table given its
                        IP address.
  -c   (cache)          Lists NBT's cache of remote [machine] names and their IP
 addresses
  -n   (names)          Lists local NetBIOS names.
  -r   (resolved)       Lists names resolved by broadcast and via WINS
  -R   (Reload)         Purges and reloads the remote cache name table
  -S   (Sessions)       Lists sessions table with the destination IP addresses
  -s   (sessions)       Lists sessions table converting destination IP
                        addresses to computer NETBIOS names.
  -RR  (ReleaseRefresh) Sends Name Release packets to WINS and then, starts Refr
esh

  RemoteName   Remote host machine name.
  IP address   Dotted decimal representation of the IP address.
  interval     Redisplays selected statistics, pausing interval seconds
               between each display. Press Ctrl+C to stop redisplaying
               statistics.
```

图 5-11　Nbtstat 命令的参数

[interval],如图 5-14 所示。

各参数的含义为:

- －a:显示所有连接和监听端口。
- －b:显示包含于创建每个连接或监听端口的可执行组件。在某些情况下已知可执行组件拥有多个独立组件,并且在这些情况下包含于创建连接或监听端口的组件序列被显示。在这种情况下,可执行组件名在底部的[ ]中,顶部是其调用的组件,直到 TCP/IP 部分。注意,此选项可能需要很长时间,如果没有足够权限可能失败。
- －e:显示以太网统计信息。可与－s 选项组合使用。

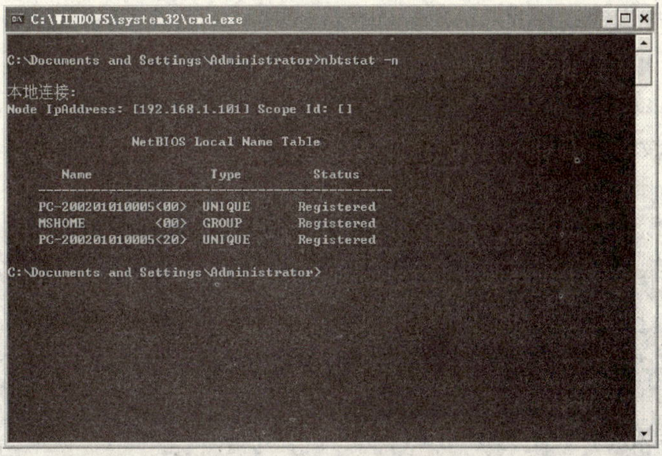

图 5-12　Nbtstat － n

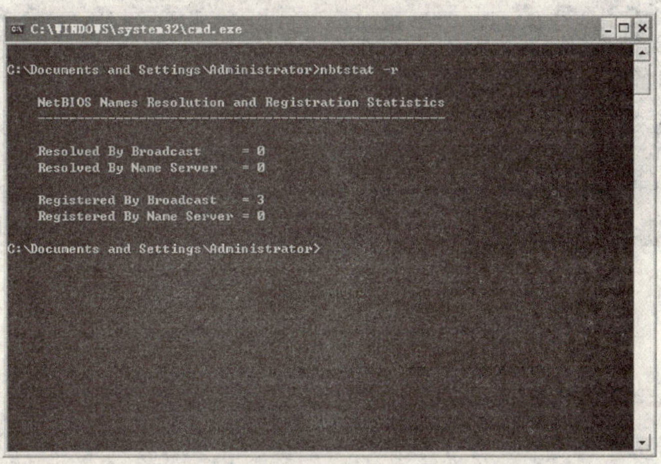

图 5-13　Nbtstat － r

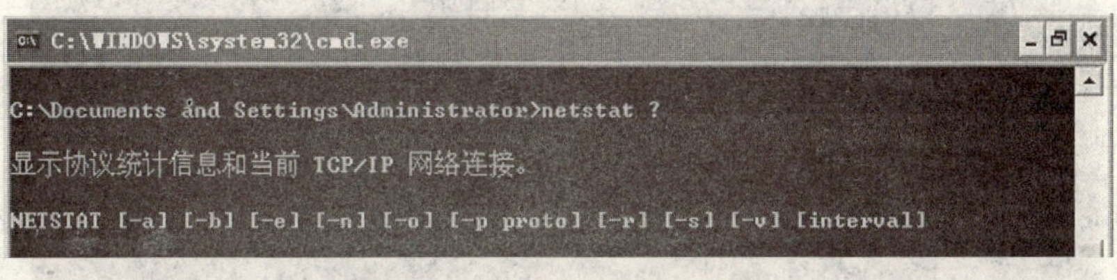

图 5-14　Netstat 命令的参数

- －n：以数字形式显示地址和端口号。
- －o：显示与每个连接相关的所属进程 ID。
- －p proto：显示 proto 指定的协议的连接，proto 可以是下列协议之一：TCP、UDP、TCPv6 或 UDPv6。如果与 －s 选项一起使用以显示按协议统计信息，proto 可以是下列协议之一：IP、Ipv6、ICMP、ICMPv6、TCP、TCPv6、UDP 或 UDPv6。
- －r：显示路由表。
- －s：显示按协议统计信息。
- －v：用于指定默认情况的子集。与 －b 选项一起使用时将显示包含于为所有可执行组件创建连接或监听端口的组件。

- interval:重新显示选定统计信息,每次显示之间暂停时间间隔(以 s 计)。按 Ctrl + C 键停止重新显示统计信息。如果省略,则显示当前配置信息(只显示 1 次)。

Netstat 命令示例:

(1)Netstat - a,显示所有连接和监听端口,如图 5-15 所示。

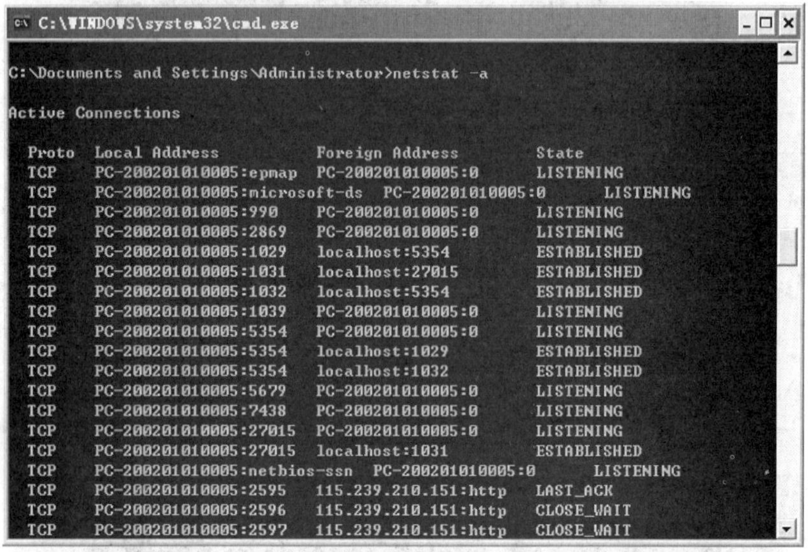

图 5-15 Netstat - a

(2)Netstat - e,显示以太网统计信息,如图 5-16 所示。

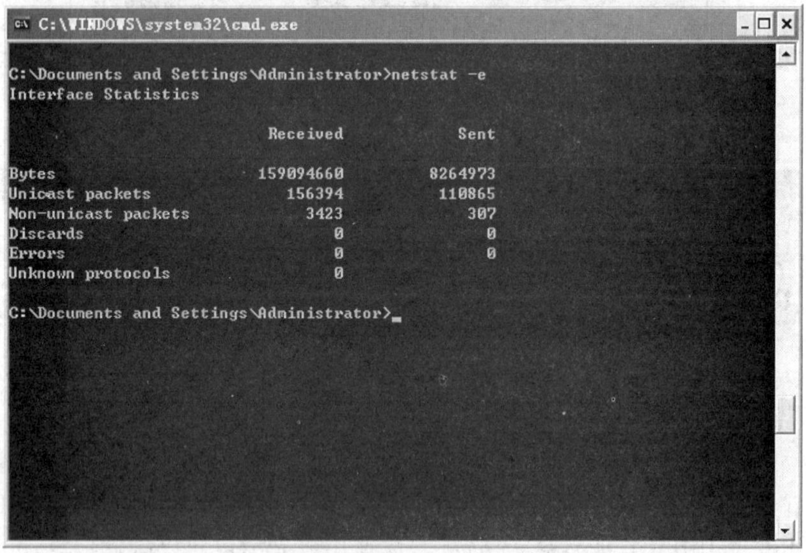

图 5-16 Netstat - e

(3)Netstat - r,显示路由表,如图 5-17 所示。

5.1.2.5 Tracert 命令

Tracert 命令的格式为:

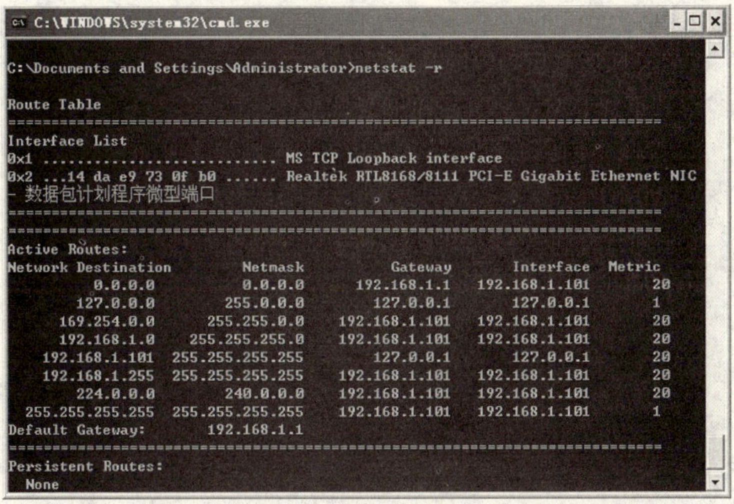

```
C:\WINDOWS\system32\cmd.exe
C:\Documents and Settings\Administrator>netstat -r

Route Table
===========================================================================
Interface List
0x1 ........................... MS TCP Loopback interface
0x2 ...14 da e9 73 0f b0 ...... Realtek RTL8168/8111 PCI-E Gigabit Ethernet NIC
- 数据包计划程序微型端口
===========================================================================
===========================================================================
Active Routes:
Network Destination        Netmask          Gateway       Interface  Metric
          0.0.0.0          0.0.0.0      192.168.1.1   192.168.1.101     20
        127.0.0.0        255.0.0.0        127.0.0.1       127.0.0.1      1
      169.254.0.0      255.255.0.0    192.168.1.101   192.168.1.101     20
      192.168.1.0    255.255.255.0    192.168.1.101   192.168.1.101     20
    192.168.1.101  255.255.255.255        127.0.0.1       127.0.0.1     20
    192.168.1.255  255.255.255.255    192.168.1.101   192.168.1.101     20
        224.0.0.0        240.0.0.0    192.168.1.101   192.168.1.101     20
  255.255.255.255  255.255.255.255    192.168.1.101   192.168.1.101      1
Default Gateway:       192.168.1.1
===========================================================================
Persistent Routes:
  None
```

图 5-17　Netstat － r

Tracert [－d] [－h maximum_hops] [－j host－list] [－w timeout] target_name

Tracert 命令的参数为[－d] [－h maximum_hops] [－j host－list] [－w timeout] target_name，如图 5-18 所示。

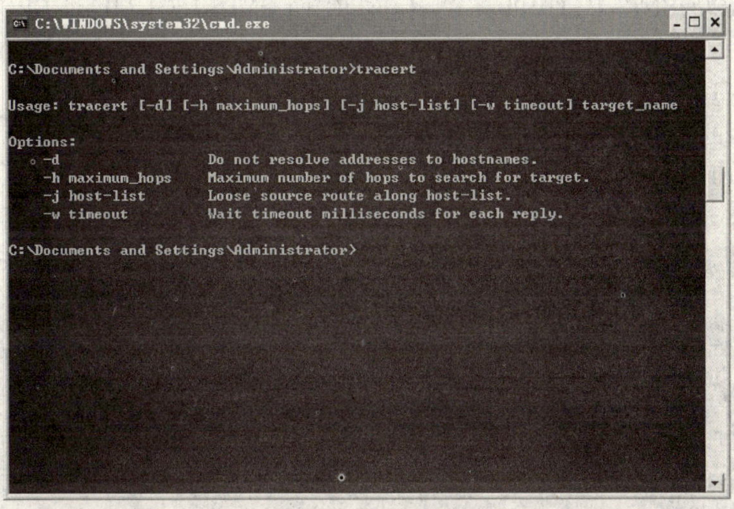

```
C:\WINDOWS\system32\cmd.exe
C:\Documents and Settings\Administrator>tracert

Usage: tracert [-d] [-h maximum_hops] [-j host-list] [-w timeout] target_name

Options:
    -d                 Do not resolve addresses to hostnames.
    -h maximum_hops    Maximum number of hops to search for target.
    -j host-list       Loose source route along host-list.
    -w timeout         Wait timeout milliseconds for each reply.

C:\Documents and Settings\Administrator>
```

图 5-18　Tracert 命令的参数

各参数的含义为：

- －d：不将 IP 地址解析成主机名。
- －h maximum_hops：限定路由查询的最大跳数。
- －j host－list：指定回显请求信息将 IP 报头中的松散源路由选项与 host－list 中指定的中间目标值一起使用。
- －w timeout：对应答的指定等待时间。超时显示“ * ”号。
- traget_name：指定目标，可以是 IP 地址或主机名。

Tracert 命令示例：

Tracert －h 10 －w 2 target_name，如图 5-19 所示。

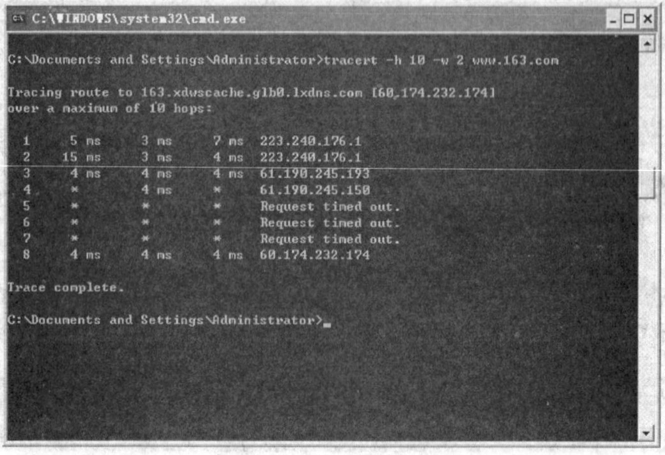

图 5-19　Tracert －h 10 －w 2 target_name

测试结果为经过 8 跳到达目标路径 www.163.com。

5.1.2.6　Net 命令

Net 命令的格式为：

NET [ACCOUNTS | COMPUTER | CONFIG | CONTINUE | FILE | GROUP | HELP | HELPMSG | LOCALGROUP | NAME | PAUSE | PRINT | SEND | SESSION | SHARE | START |STARISTICS | STOP | TIME | USE | USER | VIEW]

Net 命令的参数为[ACCOUNTS | COMPUTER | CONFIG | CONTINUE | FILE | GROUP | HELP | HELPMSG | LOCALGROUP | NAME | PAUSE | PRINT | SEND | SESSION | SHARE | START |STARISTICS | STOP | TIME | USE | USER | VIEW]，如图 5-20 所示。

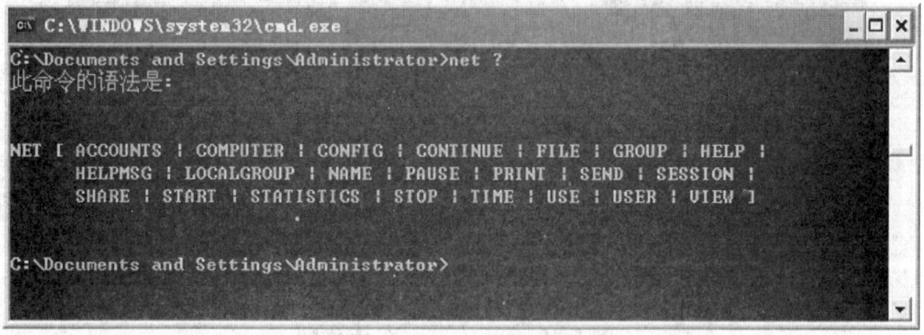

图 5-20　Net 命令的参数

部分参数的含义为：

- NET COUNTINUE：重新激活挂起的服务。如：net continue schedule。
- NET LOCALGROUP：添加、显示或更改本地组。可以将一般权限的用户升级到系统管理员权限。如：net localgroup groupname，其格式为：

  NET LOCALGROUP

  [groupname [/COMMENT："text"]] [/DOMAIN]

  groupname {/ADD[/COMMENT："text"]|/DELETE} [/DOMAIN]

groupname name[…]{/ADD|/DELETE}[/DOMAIN]

- NET PAUSE:暂停正在运行的服务。
- NET SEND:向网络其他用户、计算机或通信名发送信息。可以用“*”代替组中所有计算机。如:net send * Hello!。
- NET SHARE:显示、添加或删除目前计算机中的所有资源。如:net share sharename。不带参数的 net share 命令显示本地计算机的所有共享资源。
- NET START:启动服务或显示已启动服务的列表。
- NET STOP:停止网络服务。
- NET USE:连接或切断与某台电脑的资源共享,查看连接的那些网络资源。
- NET USER:查看账户、查看特定账户、新建账户、删除账户、激活账户、禁用账户。
- NET VIEW:查看指定域中的计算机。缺省查看所在域中的计算机。

Net 命令示例:

Net send * Hello!,如图 5-21 所示。

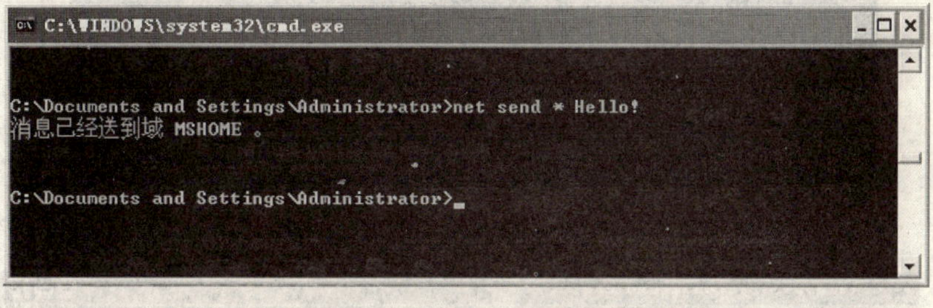

图 5-21 Net send * Hello!

显示将消息送到本机所在域。

5.1.2.7 Arp 命令

Arp 用来修改和显示地址解析协议缓存中的项目。

Arp 命令的格式为:

arp [-s inet_addr eth_addr [if_addr]][-d inet_addr [if_addr]][-a [inet_addr][-N if_addr]]

Arp 命令的参数为[-s inet_addr eth_addr [if_addr]][-d inet_addr [if_addr]][-a [inet_addr][-N if_addr]],如图 5-22 所示。

Arp 命令各参数的含义为:

- -s:在 ARP 缓存中添加静态项。将 IP 地址 inet_addr 和物理地址 eth_addr 关联。
- -d:人工删除一个静态项目。
- -a:显示所有接口的当前 ARP 缓存表。

Arp 命令示例:

(1)Arp -s 157.22.85.212 00-aa-00-62-c6-09,如图 5-23 所示。

(2)Arp -a 157.22.85.212,如图 5-24 所示。

5.1.3 测试工具使用

要检测网络的运行情况,除可以使用网络命令外,还可以借助一些测试工具来完成。

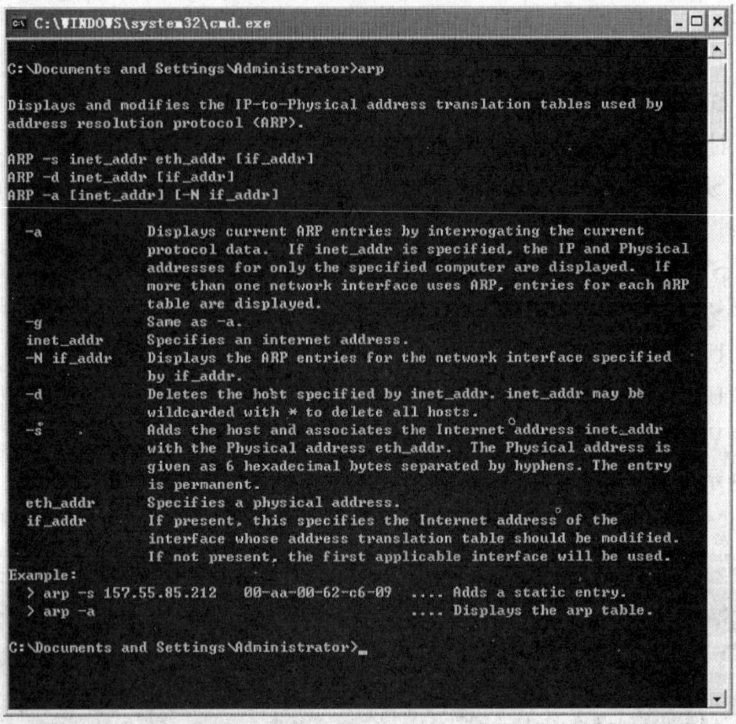

图 5-22 Arp 命令的参数

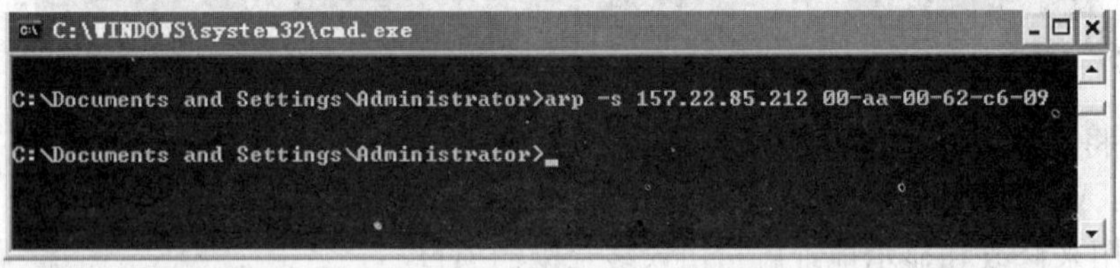

图 5-23 Arp - s 157.22.85.212 00 - aa - 00 - 62 - c6 - 09

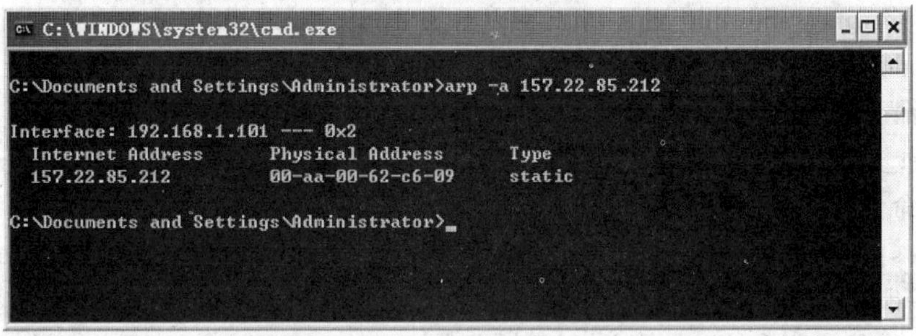

图 5-24 Arp - a 157.22.85.212

下面介绍两款简单的网络测试软件。

5.1.3.1 IP 地址扫描工具 Free IP Scanner

Free IP Scanner 是一款快速扫描 IP 和端口的工具。可以从 http://www.eusing.com/ipscan/free_ip_scanner.htm 网址免费下载。

1. IP 地址扫描工具 Free IP Scanner 的窗口

下载 Free IP Scanner 程序后,双击打开程序,可看到如图 5-25 所示的窗口。

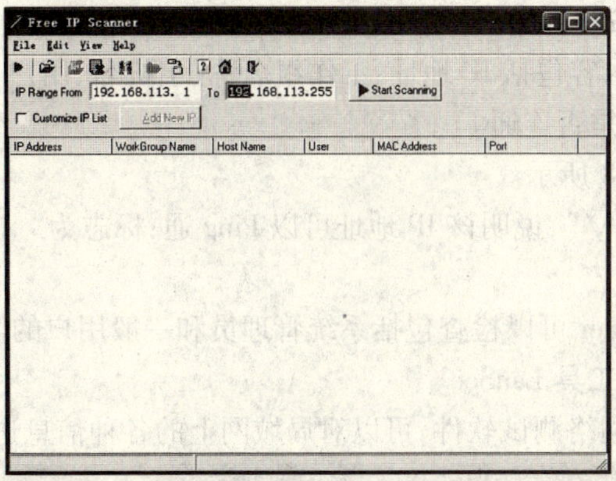

图 5-25 Free IP Scanner 窗口

Free IP Scanner 窗口由标题栏、菜单栏、工具栏、显示区域和状态栏组成。菜单栏共包含 4 个菜单,分别为“File”、“Edit”、“View”和“Help”。

- “File”菜单

“File”菜单包含“Start Scanning”(开始扫描,快捷键为 Ctrl + Alt + S)、“Load Custom List”(载入客户列表)、“Save Custom List”(保存客户列表)、“Export”(输出)和“Exit”5 个菜单项,如图 5-26 所示。

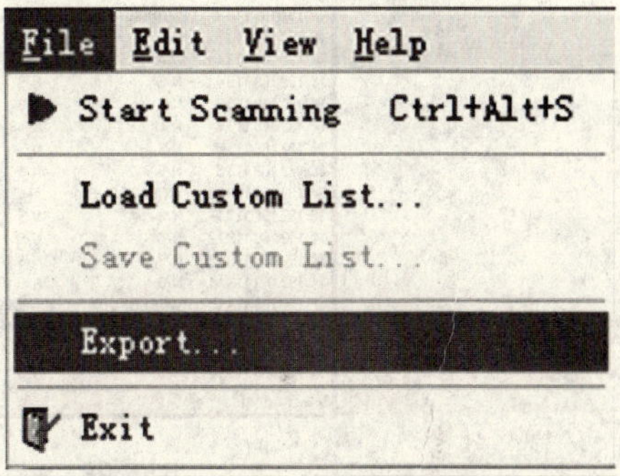

图 5-26 Free IP Scanner 的“File”菜单

“File”菜单可以完成载入、保存、输出、退出和开始扫描的功能。

- “Edit”菜单

“Edit”菜单包括“Remove Selected Item”(移除选择的行)、“Remove All Items”(移除所有行)、“Add New IP”(增加新的 IP 地址)、“Copy Start IP”(复制开始 IP 地址)、“Fill IP by local host”(用本地主机填满 IP 地址)和“Options”(选项)6 个菜单项。利用“Options”可以设定超时时间、刷新时间等值。“Options”的快捷键为 Ctrl + O。“Options”对话框如图 5-27 所示。

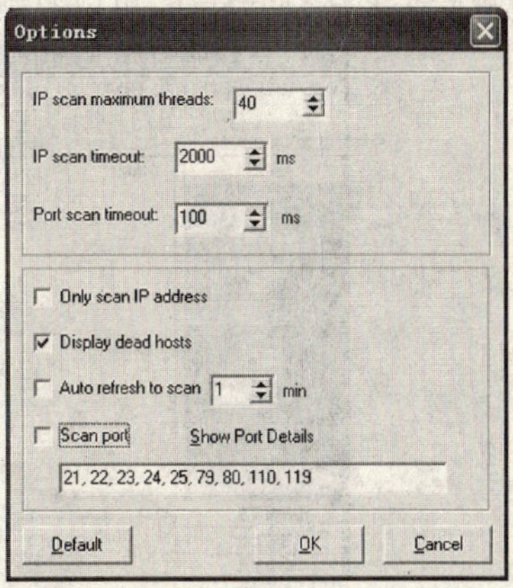

图 5-27 Free IP Scanner 的“Options”对话框

- “View”菜单

“View”菜单控制显示视图的模式。

- “Help”菜单

“Help”菜单提供在线帮助和关于程序的说明等信息。

2. Free IP Scanner 的使用

首先设定 IP 地址的范围，再从"File"菜单下选择"Start Scanning"菜单项开始扫描，或单击"Start Scanning"按钮开始扫描。

扫描结果显示的内容包括 IP 地址、工作组名称、主机名、用户、MAC 地址等。通过标志可以看出某 IP 地址是否连通。

扫描结果如图 5-28 所示。

显示列表标志为"√"，说明该 IP 地址可以 Ping 通；标志为" ×"，说明该 IP 地址不能 Ping 通。

通过 Free IP Scanner 可以检查包括系统管理员和一般用户的监控器与网络管理。

5.1.3.2 **局域网查看工具** LanSee

LanSee 也是一款网络测试软件，可以对局域网上的各种信息进行查看。

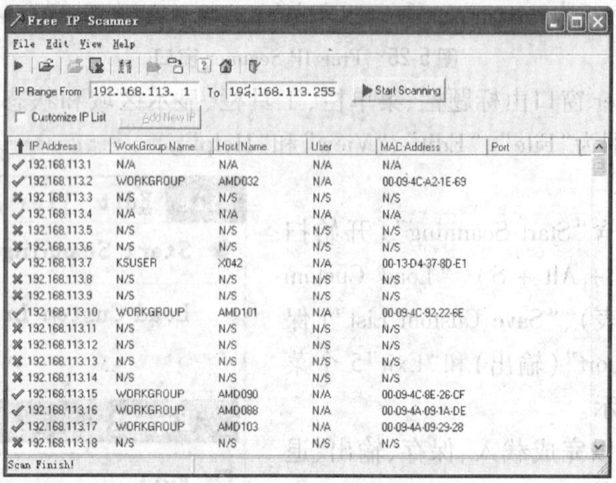

图 5-28　Free IP Scanner 的扫描结果

1. 局域网查看工具 LanSee 的窗口

下载安装之后打开程序，可以看到如图 5-29 所示的窗口。

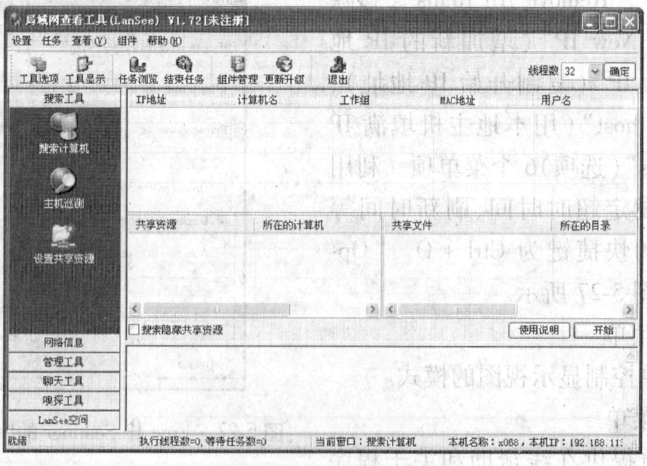

图 5-29　局域网查看工具 LanSee 的窗口

局域网查看工具 LanSee 的窗口由标题栏、菜单栏、工具栏、显示区域和状态栏组成。

显示区域的左侧显示软件的工作模块。整个软件分为“搜索工具”、“网络信息”、“管理工具”、“聊天工具”、“嗅探工具”和“LanSee 空间”6 个模块，每个模块可以完成若干个相应的功能。

- 搜索工具模块

搜索工具模块包括“搜索计算机”、“主机巡测”和“设置共享资源”3 个命令。使用“搜索计算机”命令可以搜索到局域网中的主机 IP 地址、计算机名、主机所在工作组和主机的 MAC 地址等信息。

- 网络信息模块

网络信息模块包括“活动端口”、“实用工具箱”、“适配器信息”、“扫描端口”4 个命令。

- 管理工具模块

管理工具模块包括“复制文件”、“远程关机”、“发送消息”3 个命令。

- 聊天工具模块

聊天工具模块包括“局域网聊天”和“文件共享”2 个命令。可以在局域网中选择用户进行实时聊天。

- 嗅探工具模块

嗅探工具模块包括“嗅探服务”、“捕获数据包”、“流量统计”、“嗅探 QQ 号”、“嗅探文件”、“ARP 监测”等多个命令。如用“ARP 监测”命令，可以了解到局域网内是否有 ARP 攻击或监测。

- LanSee 空间模块

LanSee 空间模块可以链接到该软件的空间。

2. 局域网查看工具 LanSee 的使用

选择搜索工具模块下的“搜索计算机”命令，开始搜索计算机，搜索的结果将在显示区域的右侧显示出来，如图 5-30 所示。

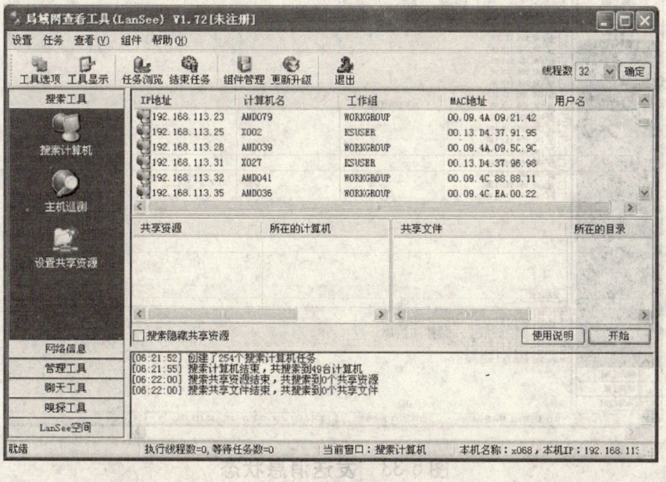

图 5-30　“搜索计算机”命令的使用

当使用搜索工具模块下的“主机巡测”命令时，如果有计算机开机、关机或有新的共享文件夹，都会实时通知，如图 5-31 所示。

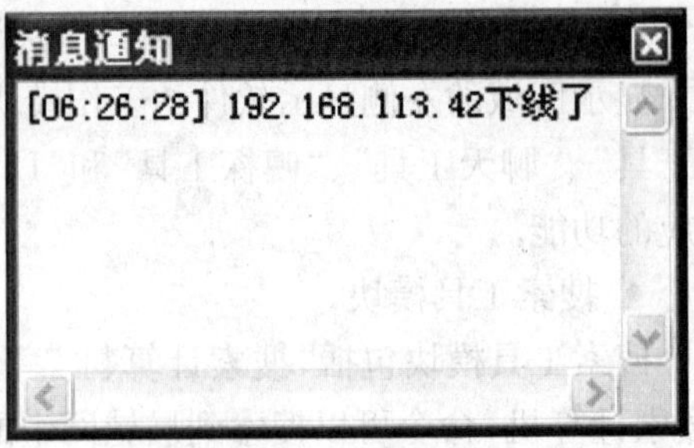

图 5-31　消息通知

在网络信息模块下选择“适配器信息”命令，则可以在右侧窗口中看到适配器的相关信息，如图 5-32 所示。

选择管理工具模块的“发送消息”命令，可以从地址列表中选择目标 IP 地址，并且发送信息。发送状态会在窗口中显示出来，如图 5-33 所示。

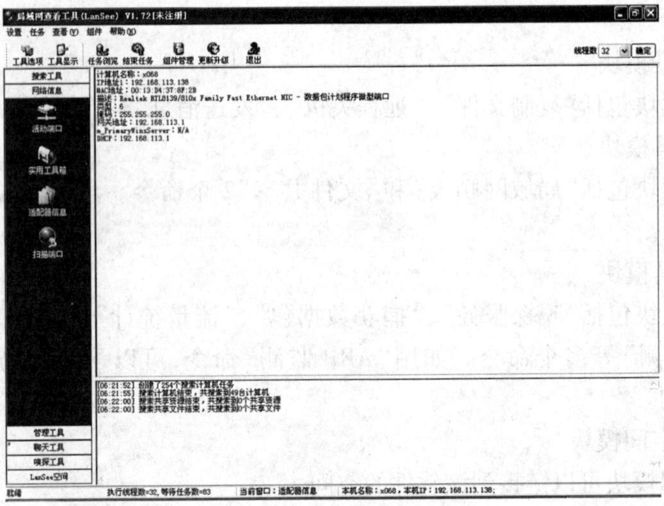

图 5-32　适配器信息

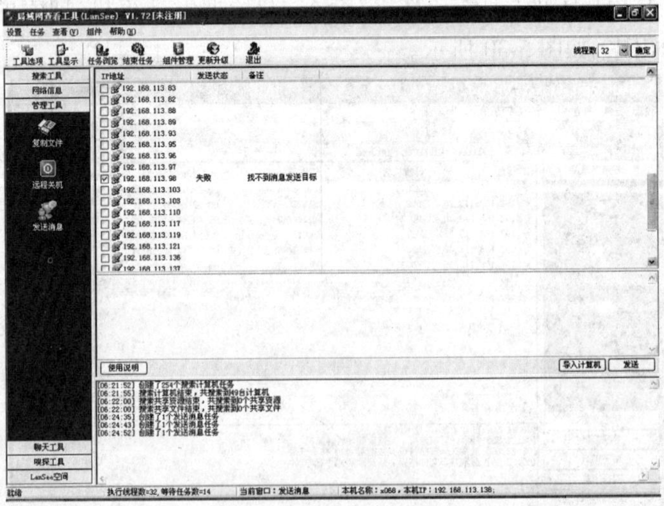

图 5-33　发送消息状态

LanSee 还支持远程关机操作。从列表中选择若干台计算机后，再从管理工具模块中选择"远程关机"命令,可以完成远程关机或重启命令,控制局域网中其他计算机的操作。所以,该命令要慎用。

5.1.4 实训过程与实训报告

(1)整个实训过程分为两个部分:一部分是常用网络测试命令的使用,另一部分是网络检测工具的使用。

(2)参考网络命令部分的介绍和示例,进入命令提示符状态,运行示例中的各网络命令,观察并记录命令的运行结果。

(3)安装 IP 地址扫描工具 Free IP Scanner,熟悉该程序的窗口组成,使用该程序进行地址扫描,观察扫描结果,并对结果进行分析。

(4)安装局域网查看工具 LanSee,运行该程序的窗口组成,了解各模块包含的命令和功能,尝试运行各模块的命令,查看并记录各命令的运行结果,并对运行结果进行分析。

5.2 网络管理软件的使用

局域网的综合管理要借助专业的网络管理软件来完成。市场上的网络管理软件由通用的软件供应商开发或由设备厂商提供。常用的网络管理软件包括 HP OpenView、IBM Tivoli Configuration Manager、微软 Exchange Server、聚生网络管理、Wireshark 等。

本节介绍两款网络管理软件:一款是开源的网络管理软件 Wireshark,另一款是国产网管软件聚生网络管理软件(试用版)。通过对这两款网络软件的使用,了解网络管理软件的功能和意义。

5.2.1 实训概述

(1)学习目的:

①下载并安装网络管理软件 Wireshark 和聚生网络管理软件(试用版)。

②熟悉两款网络管理软件的界面,掌握它们的使用方法。

③通过对以上两款网络管理软件的使用,理解网络管理软件对局域网的管理方式。

④总结局域网管理的主要内容和方式。

(2)主要内容:

①了解 Wireshark 的窗口组成和各菜单项的功能。

②掌握 Wireshark 的工作方式。

③能够使用 Wireshark 对局域网进行管理。

④了解聚生网络管理软件(试用版)的窗口组成和各菜单项的功能。

⑤掌握聚生网络管理软件(试用版)的工作方式。

⑥能够使用聚生网络管理软件(试用版)对局域网进行管理。

(3)实训理论要求:

①掌握计算机网络基础、局域网组成等相关的网络知识。

②了解局域网的工作原理。

③掌握 Wireshark 各菜单项的名称和含义。

④掌握 Wireshark 能够完成的管理功能。

⑤掌握聚生网络能够完成的管理功能。

5.2.2　网络管理软件 Wireshark 的安装和使用

Wireshark 是一款免费的封包软件,原名为 Ethereal,后更名为 Wireshark。Wireshark 是开放源码的软件,在网上可以进行免费下载。

5.2.2.1　Wireshark 的安装

从网上下载免费的 Wireshark 安装软件后,双击可以打开安装向导,进入安装界面,如图 5-34 所示。

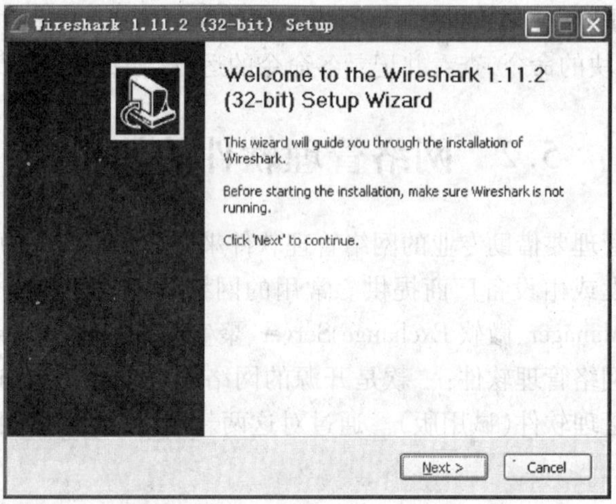

图 5-34　Wireshark 安装向导(一)

选择"Next"按钮,进入 License Agreement 界面,如图 5-35 所示,选择"I Agree"按钮,进入下一步。

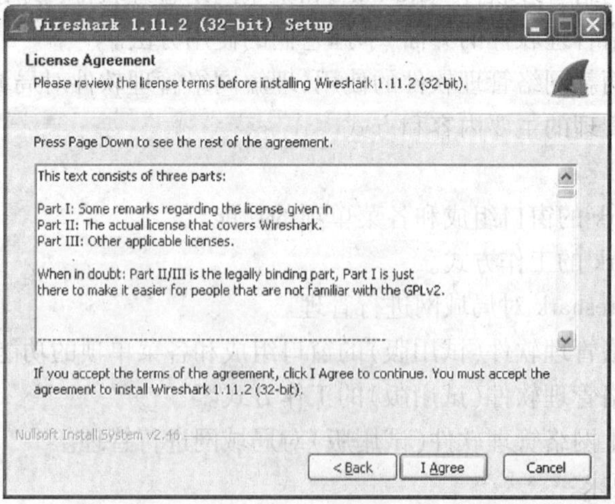

图 5-35　Wireshark 安装向导(二)

选择安装组件,Wireshark 允许用户选择自己需要的组件进行安装,并可以根据选择的组件计算所需要的安装空间,如图 5-36 所示。

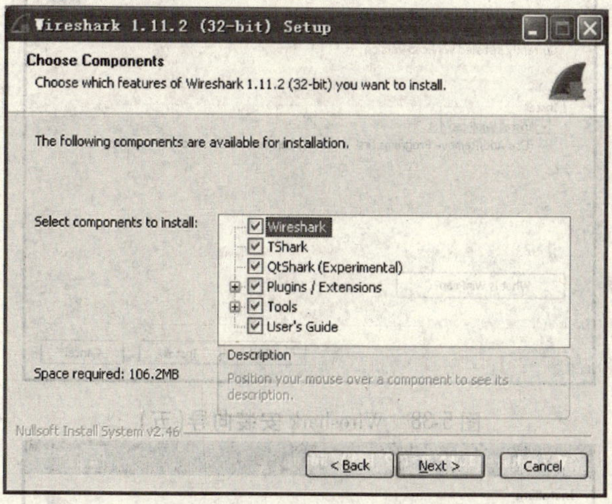

图 5-36　Wireshark 安装向导(三)

选择组件之后还可以进一步补充选择,如是否建立"开始"菜单,是否建立桌面快捷方式。

选择"Next"按钮后,进入路径选择界面,可以选择 Wireshark 的安装路径。在该界面中还显示了所需安装空间和可提供安装空间,如图 5-37 所示。

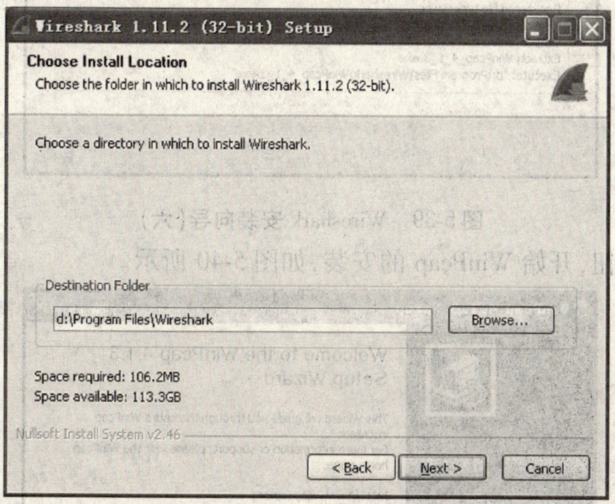

图 5-37　Wireshark 安装向导(四)

选择安装路径后,单击"Next"按钮,进入是否安装 WinPcap 的询问界面,如图 5-38 所示。

Wireshark 软件的使用需要 WinPcap 的支持,所以我们需要安装 WinPcap 才能保证 Wireshark 软件的正常使用。

选择"Install WinPcap 4.1.3"复选框,再单击"Install"按钮,进入 WinPcap 安装界面,如图 5-39 所示。

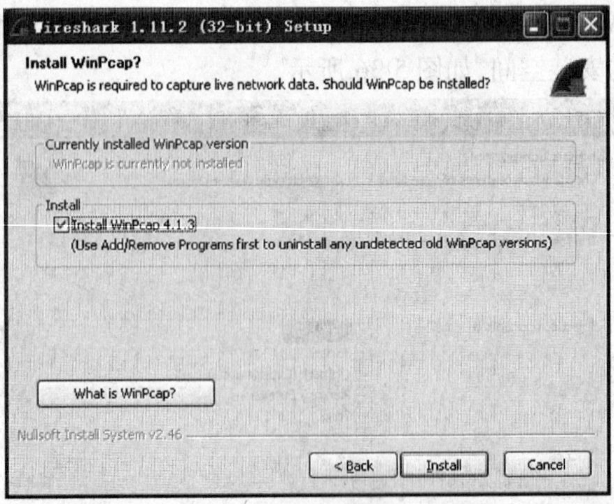

图 5-38　Wireshark 安装向导(五)

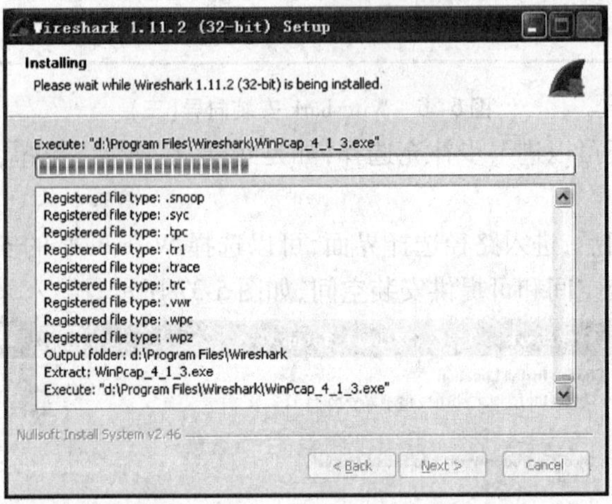

图 5-39　Wireshark 安装向导(六)

单击"Next"按钮,开始 WinPcap 的安装,如图 5-40 所示。

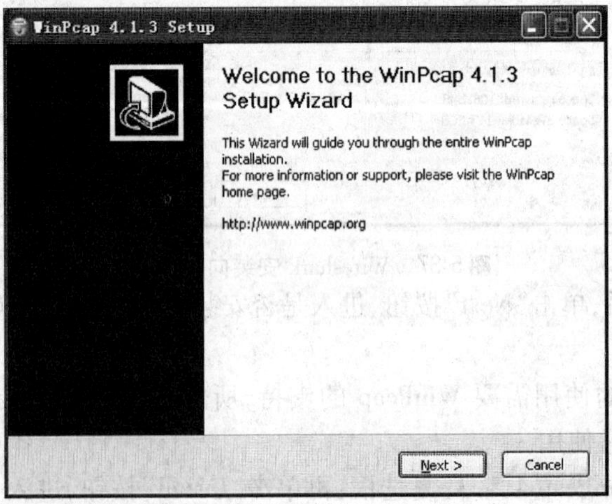

图 5-40　Wireshark 安装向导(七)

同样，需要进入 License Agreement 界面，选择"I Agree"按钮进入下一步。

选择"Automatically start the WinPcap drive at boot time"后，单击"Install"开始安装，如图 5-41 所示。安装完成后单击"Finish"按钮，如图 5-42 所示。

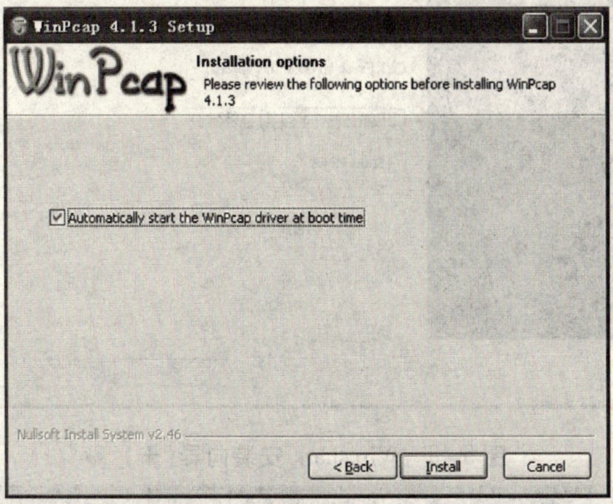

图 5-41　Wireshark 安装向导(八)

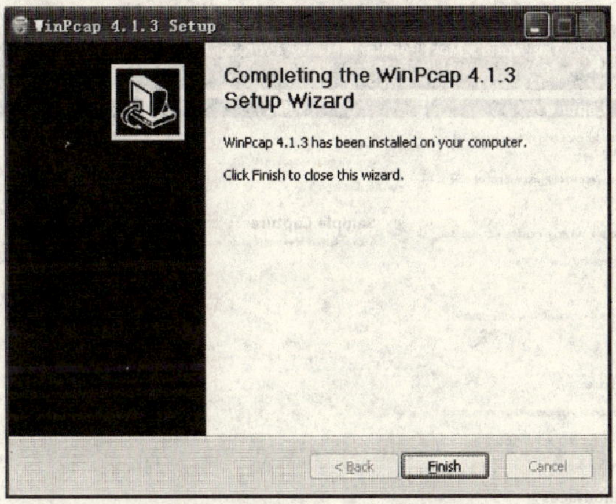

图 5-42　Wireshark 安装向导(九)

再重新返回到 Wireshark 安装界面。

安装完成后，单击"Next"按钮，进入安装结束的界面。单击"Finish"按钮完成安装，如图 5-43 所示。

此时，Wireshark 完成安装，在桌面上可以看到其图标。在"开始"菜单的"程序"菜单中可以找到 Wireshark 快捷方式。

5.2.2.2　Wireshark 的窗口

双击 Wireshark 图标，打开 Wireshark 应用程序，出现如图 5-44 所示的界面。

整个应用程序窗口中包含标题栏、菜单栏、工具栏、状态栏和编辑区域，在编辑区域包含 Capture(捕获)、Files(文件)和 Online(在线)3 个模块。

在标题栏中可以看到程序名称和版本号。该程序包含 File、Edit、View、Go、Capture、Analyze、Statistics、Telephony、Tools、Internals、Help 共 11 个菜单项。

图 5-43　Wireshark 安装向导(十)

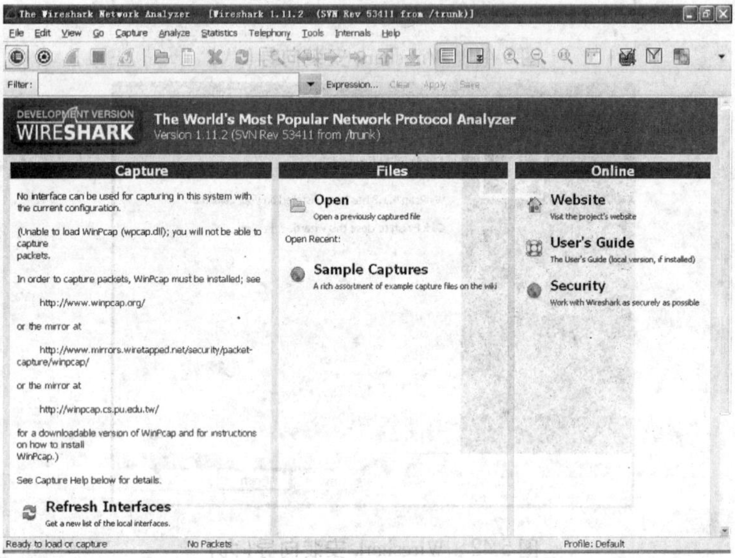

图 5-44　Wireshark 窗口

- File(文件)菜单

File(文件)菜单含有的菜单项如图 5-45 所示。

File 菜单中的一些菜单项功能和其他常用菜单项相同。如 Open 菜单项可以打开保存的文件，Open Recent 菜单项可以显示最近打开过的文档，Close 菜单项用来关闭文件，Save 菜单项用来保存文件，Save As 菜单项可以选择文件的保存类型，Print 菜单项可以完成打印功能，Quit 菜单项用来退出文件。

File Set 菜单项含有 3 个下一级子菜单，分别为“List Files”、“Next File”和“Previous Files”，分别用来选择文件列表、下一个文件和前一个文件。

Export 菜单项含有 Export Specified Packets、Export Packet Dissections、Export Selected Packet Bytes、Export PDUs to file、Export SSL Session keys、Export Objects 等多个输出选项。

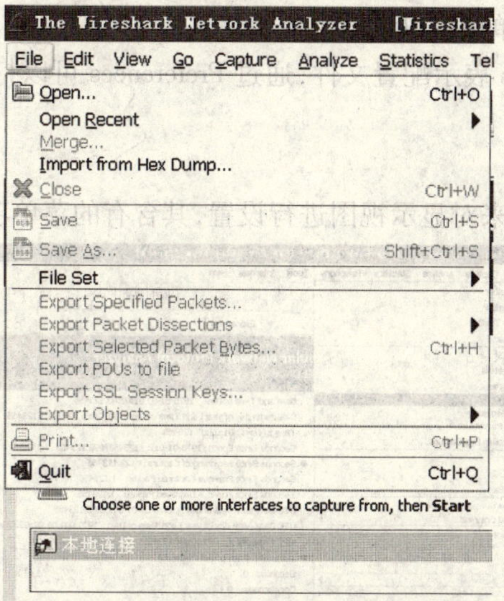

图 5-45　Wireshark 的 File 菜单

- Edit(编辑)菜单

Edit(编辑)菜单含有的菜单项如图 5-46 所示。

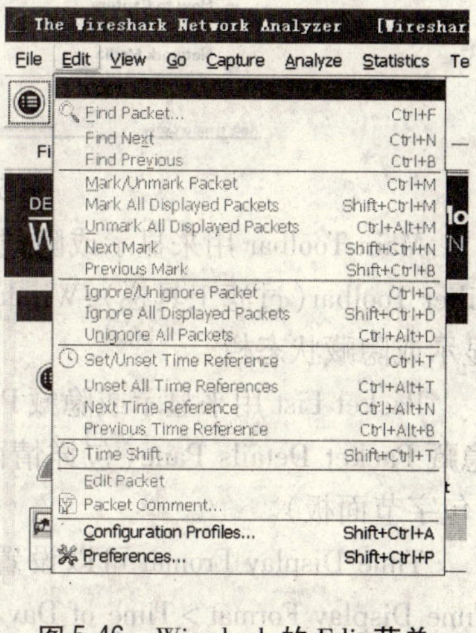

图 5-46　Wireshark 的 Edit 菜单

Copy(复制)菜单项可以选择复制 Description(描述)、复制 Field name(字段名)、复制 Value(值)。As Filter(作为过滤器)使用详情面板显示的过滤作为显示过滤。

Find(选择)菜单项可以选择 Find Packet(选择包)打开一个对话框,通过限制来查找包。Find Next(选择下一个)和 Find Previous(选择前一个)分别表示查找匹配规则的下一个包或查找匹配规则的前一个包。

Mark(标记)菜单项包括 Mark/Unmark Packet(标记或不标记包),Mark All Displayed Packets(标记所有显示的包),Unmark All Displayed Packets(不标记所有显示的包)。也可以选择 Next Mark(下一个标记)或 Previous Mark(前一个标记)。

如果要忽视显示的包,可以通过 Ignore/Unignore Packet(忽视/不忽视包)或 Ignore All Displayed Packet(忽视所有显示的包)来实现;也可以选择 Unignore All Displayed Packet,即忽视所有显示的包。

Set Time Reference(设定时间基准)菜单项包括 Set/Unset Time Reference(设定/不设定时间基准,以当前包时间作为参考)、Unset All time Reference(全部不设定时间基准)。也可以选择 Next Time Reference(下一个时间基准)或 Previous Time Reference(前一个时间基准),表示找到下一个时间参考包或找到前一个时间参考包。

Time Shift 菜单项可以设定时间位移。

Edit Packet 菜单项可以对包进行编辑。

Packet Comment 菜单项可以设定包说明信息。

Configuration Profiles 表示配置文件,通过 Preferences 可以打开首选项对话框,个性化地设置各项参数。

- View(视图)菜单

View(视图)菜单用来对显示视图进行设置,其含有的菜单项如图 5-47 所示。

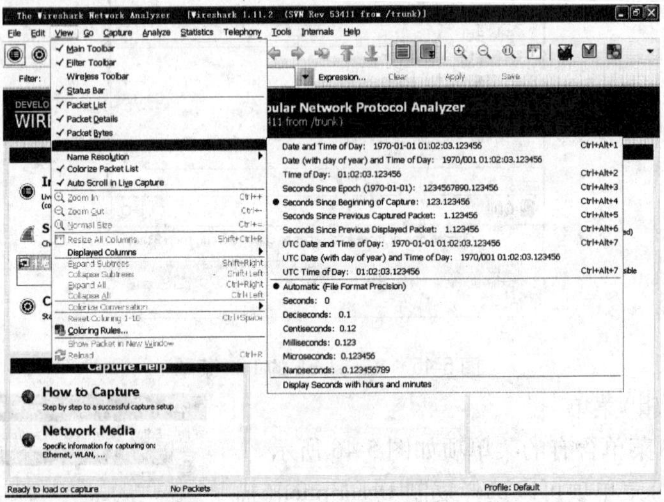

图 5-47　Wireshark 的 View 菜单

Main Toolbar 用来显示或隐藏 Main toolbar(主工具栏),Filter Toolbar 用来显示或隐藏 Filter Toolbar(过滤工具栏),Wireless Toolbar 用来显示或隐藏无线工具栏,Status Bar 用来显示或隐藏状态栏。

Packet List 用来显示或隐藏 Packet List Pane(包列表面板),Packet Details 用来显示或隐藏 Packet Details Pane(包详情面板),Packet Bytes 用来显示或隐藏 Packet Bytes Pane(包字节面板)。

Time Display Fromat 可以设置时间的显示格式,可以从多个选项中进行选择。如:Time Display Format > Time of Day: 01:02:03.123456 将时间设置为绝对时间-日期格式(时分秒格式)。Seconds Since Beginning of Capture: 123.123456 将时间设置为秒格式,从捕捉开始计时。Time Display Format > Seconds Since Previous Captured Packet: 1.123456 将时间设置为秒格式,从上次捕捉开始计时。

Name Resolution(名称解析)包含多个可选项。Resolve Name 仅对当前选定包进行解析。Manually Resolve Name 设定手动解析。Enable for MAC Layer 设定是否解析 MAC 地址。Enable for Network Layer 设定是否解析网络层地址即 IP 地址。Enable for Transport Layer 设定是否解析传输层地址。Use External Network Name Resolver 设定是否采用扩展的网络名称解析。

Colorize Packet List 设定是否以彩色显示包,如果选择彩色显示,捕获到的包信息会用不同的颜色来标志。

Auto Scroll in Live Capture 控制在实时捕捉时是否自动滚屏,如果选择了该项,当有新数据时,面板会自动向上滚动始终显示最后捕获的数据。如果不选该项,则需要手动滚屏。

Zoom In 和 Zoom Out 可以增大字体和减小字体。选择 Normal Size 恢复到正常大小。

Resize All Columns 恢复所有列宽。

Displayed Columns 用来选择将哪些列显示出来。可选项有 No(编号)、Time(时间,可以选择时间的显示格式)、Source(源地址)、Destination(目的地址)、Protocol(协议)、Length(包长度,单位为字节)、Info(信息)。如果要全部显示,则可以选择 Display All(全选)。

Expend Subtrees 表示展开子分支,其逆操作为 Collapse Subtrees,收起子分支。

Expand All 和 Collapse All 分别可以展开所有分支、收起所有分支。

Colorize Conversation 将会话彩色化。

Coloring Rules 可以打开一个对话框,如图 5-48 所示,在对话框中可以通过过滤表达来用不同的颜色显示包。这项功能对定位特定类型的包非常有用。

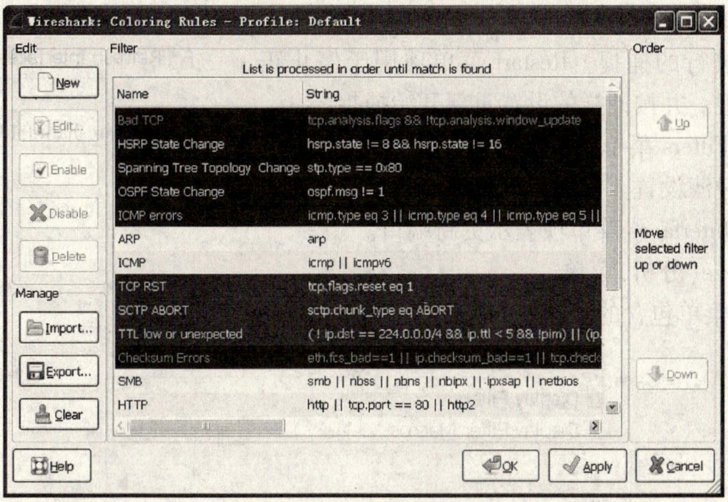

图 5-48　Coloring Rules 对话框

Show Packet in New Window 表示在新窗口中显示当前包。

Reload 重新捕捉文件。

- Go(跳转)菜单

Go 菜单用来完成跳转的功能。其菜单项如图 5-49 所示。

Back 可以跳到最近浏览的包,Forward 可以跳到下一个最近浏览的包。

Go to Packet 可以打开一个对话框,在对话框中输入指定的包序号,跳转到对应的包。

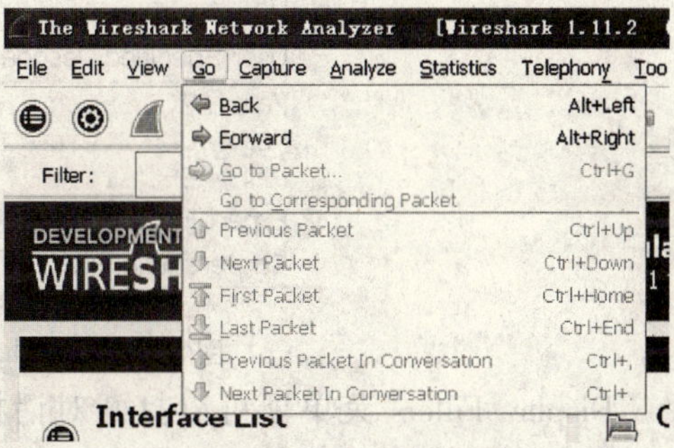

图 5-49　Wireshark 的 Go 菜单

Go to Corresponding Packet 可以跳转到当前包的应答包,如果不存在,该选项为灰色。

Previous Packet 和 Next Packet 分别表示移动到包列表的前一个包和移动到包列表的

后一个包。

First Packet 和 Last Packet 分别表示移动到包列表的第一个包和移动到包列表的最后一个包。

Previous Packet In Conversation 和 Next Packet In Conversation 分别表示移动到会话包列表的前一个包和移动到会话包列表的后一个包。

- Capture(捕获)菜单

Capture 菜单包含的菜单项如图 5-50 所示。

图 5-50 Wireshark 的 Capture 菜单

Interfaces 菜单项用于弹出对话框,在对话框中选择要进行捕捉的网络接口。

Options 菜单项用于弹出对话框,在对话框中设置捕捉选项。

Start 菜单项用于立即开始捕捉。Stop 菜单项用于停止正在进行的捕捉。Restart 菜单项用于停止正在进行的捕捉。并按同样的设置重新开始捕捉。

Capture Filters 菜单项用于弹出对话框,在对话框中编辑捕捉过滤设置。

Refresh Interfaces 菜单项表示更新端口。

- Analyze(分析)菜单

Analyze 菜单包含的菜单项如图 5-51 所示。

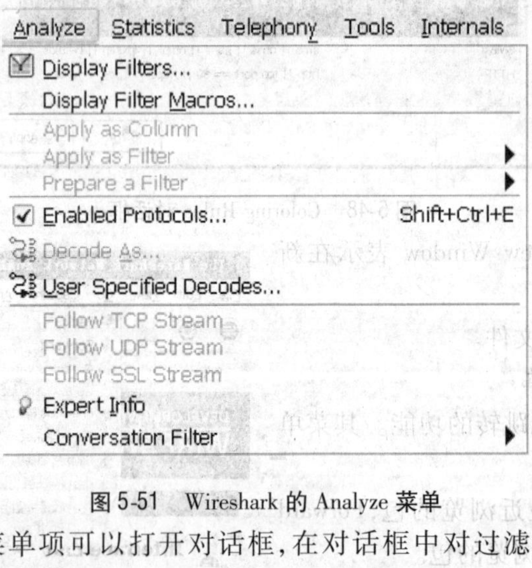

图 5-51 Wireshark 的 Analyze 菜单

Display Filters 菜单项可以打开对话框,在对话框中对过滤器进行设置。Display Filter Macros 则用宏指令编辑过滤设置。

Apply as Column 表示适用于列。Apply as Filter 用来更改当前过滤显示并立即应用。Prepare a Filter 用来更改当前显示过滤设置,但不会立即应用。

Enabled Protocols 表示是否允许协议分析,是一个复选框。

Decode As 用来打开对话框,如图 5-52 所示,选择按哪种协议解码,可以对数据链路层、网络层和传输层分别进行选择。

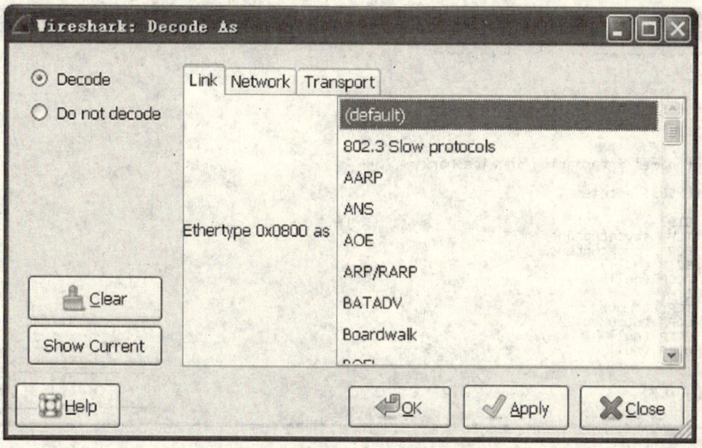

图 5-52　Decode As 对话框

User Specified Decodes 可以设定用户自定义解码。

Follow TCP Stream、Follow UDP Stream、Follow SSL Stream 分别表示追踪 TCP 流、UDP 流和 SSL 流。

Expert Info 用于打开对话框，如图 5-53 所示，显示各种汇总信息。

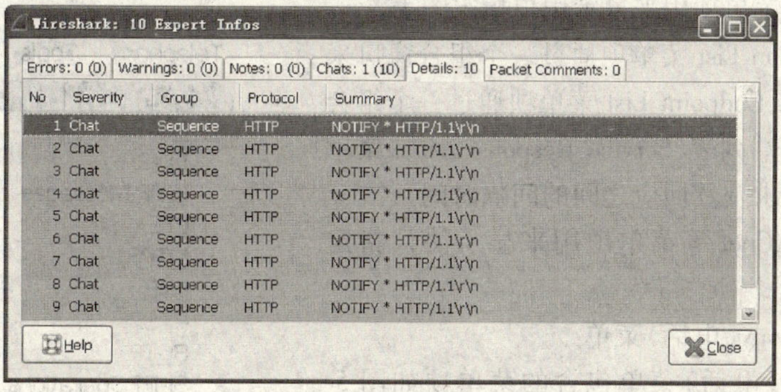

图 5-53　Expert Info 对话框

Conversation Filter 表示会话过滤器。

- Statistics(统计)菜单

Statistics(统计)菜单可以查看各种统计信息。其包含的菜单项如图 5-54 所示。

Summary 菜单项显示汇总信息，Comments Summary 用文件格式显示汇总信息。

Show address resolution 菜单项可以打开对话框，如图 5-55 所示，显示地址解析，能显示 IPv4 的哈希表和 IPv6 的哈希表，并能够显示出各端口的信息。

Protocol Hierarchy 菜单项用来显示分层协议统计信息。

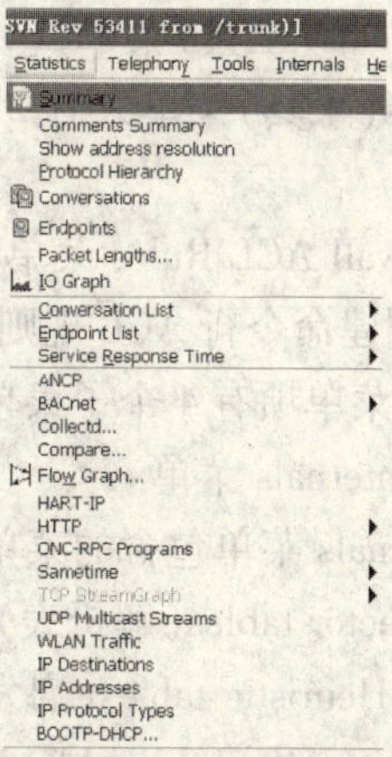

图 5-54　Wireshark 的 Statistics 菜单

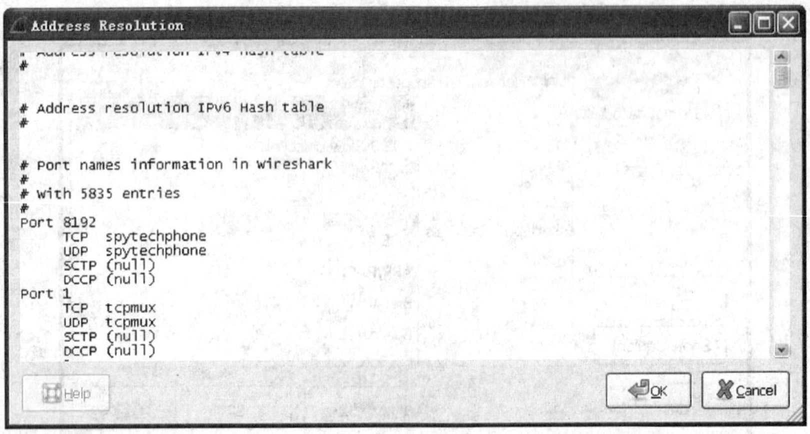

图 5-55　Address Resolution 对话框

Conversations 菜单项用来显示会话列表，按协议显示两个终端之间的通信。

Endpoints 菜单项用来显示端点列表，可以查看通信的发起地址和结束地址。

Packet Lengths 菜单项可以根据包的长度分别进行计数，从而查看出不同长度的包的数目。

IO Graph 菜单项用来显示用户指定图表。

Conversation List 菜单项通过一个组合窗口来显示会话列表，Endpoint List 菜单项通过一个组合窗口来显示终端列表，Service Response Time 菜单项显示一个请求及其回应之间的间隔时间。

ANCP、BACnet 等菜单项用来显示协议指定的统计窗口。

- Telephony（电话）菜单

Telephony（电话）菜单包含的菜单项如图 5-56 所示。

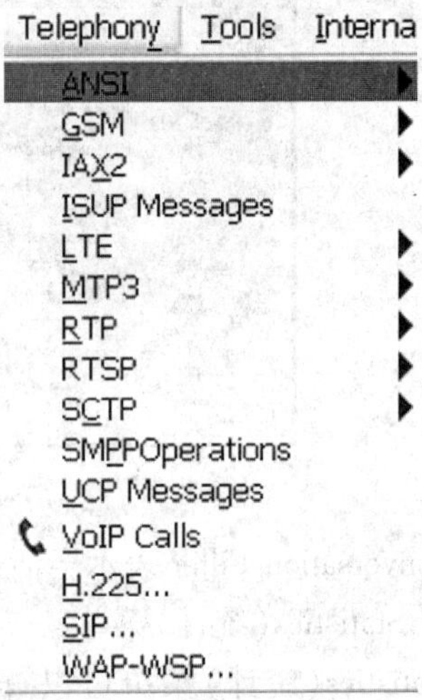

图 5-56　Wireshark 的 Telephony 菜单

- Tools（工具）菜单

Tools（工具）菜单只有 2 个菜单项，如图 5-57 所示。

Firewall ACL Rules 菜单项用于为多种不同的防火墙创建命令行 ACL 规则。

Lua 菜单项有 4 个子菜单项，其中 Manual 和 Wiki 子菜单项将打开在线连接。

- Internals 菜单

Internals 菜单包含的菜单项如图 5-58 所示。

Dissector tables（解析表）菜单项可以显示 String tables（字符串表）、Integer tables（整数表）和 Heuristic tables（启发表）。

Conversation hash tables 菜单项可以显示会话哈希表。

Supported Protocols 菜单项可以显示支持的协议。

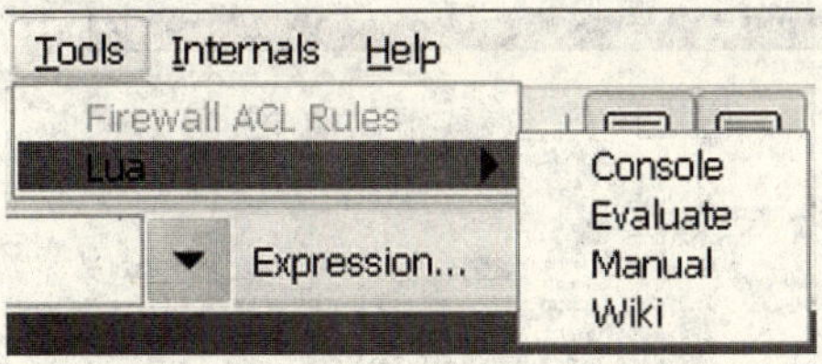

图 5-57　Wireshark 的 Tools 菜单

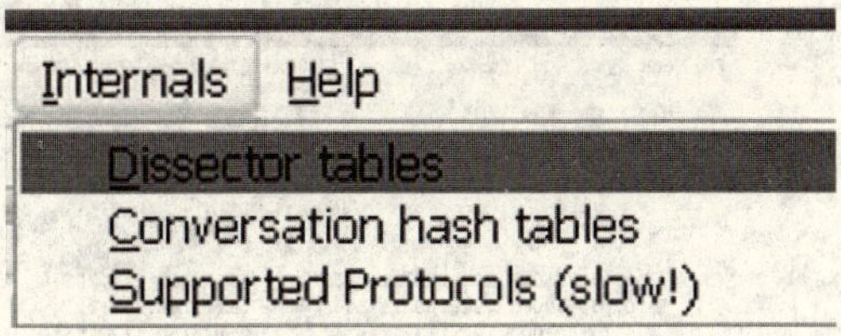

图 5-58　Wireshark 的 Internals 菜单

- Help 菜单

Help 菜单提供帮助信息,其含有的菜单项如图 5-59 所示。

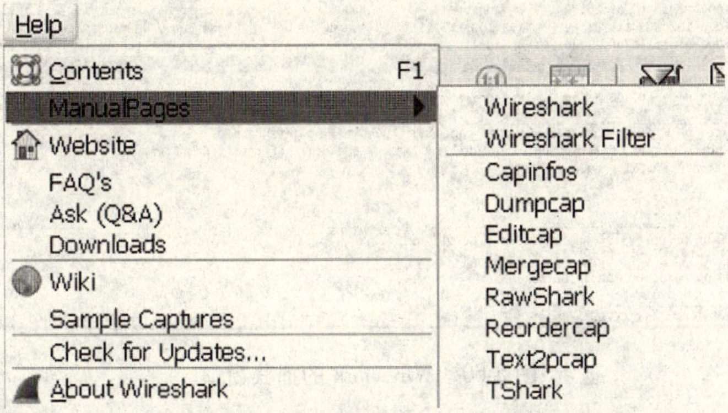

图 5-59　Wireshark 的 Help 菜单

Help 菜单可以查看关于程序自身的各种信息。如:Contents 菜单项打开一个基础的帮助系统。ManualPages 菜单项打开浏览器,显示安装在本地的手册。About Wireshark 显示 Wireshark 的一些相关信息。通过帮助系统可以更好地了解和使用 Wireshark。

5.2.2.3　网络管理软件 Wireshark 的使用

了解 Wireshark 的菜单可以帮助我们更好地使用 Wireshark。

从"Capture"菜单下选择"Start"项或单击工具栏上的"捕获"按钮,或单击工作区域的"Start"项开始捕获。选择"Capture"菜单下的"Stop"项或单击工具栏上的"Stop"按钮,停止捕获。

Wireshark 的捕获窗口如图 5-60 所示。

整个显示区域分为 3 个部分,最上部为 Packet list(包列表)面板,如图 5-61 所示。

包列表面板显示所有当前捕获的包。列表中的每一行显示捕捉文件的一个包。如果选择某一行,则在 Packet Detail(包详情)面板和 Packet Byte(包字节)面板中显示该包的详细情况。

在分析(解剖)包时,Wireshark 会将协议信息放到各个列。包列表面板有很多列可供选择。需要显示哪些列,可以在首选项对话框中进行设置。默认的列如下:

- No(包的编号):包的编号不会发生改变,即使进行过滤,也不会改变。
- Time(包的时间戳):包的时间戳的格式可以自行设置。
- Source(源地址):显示包的源地址。

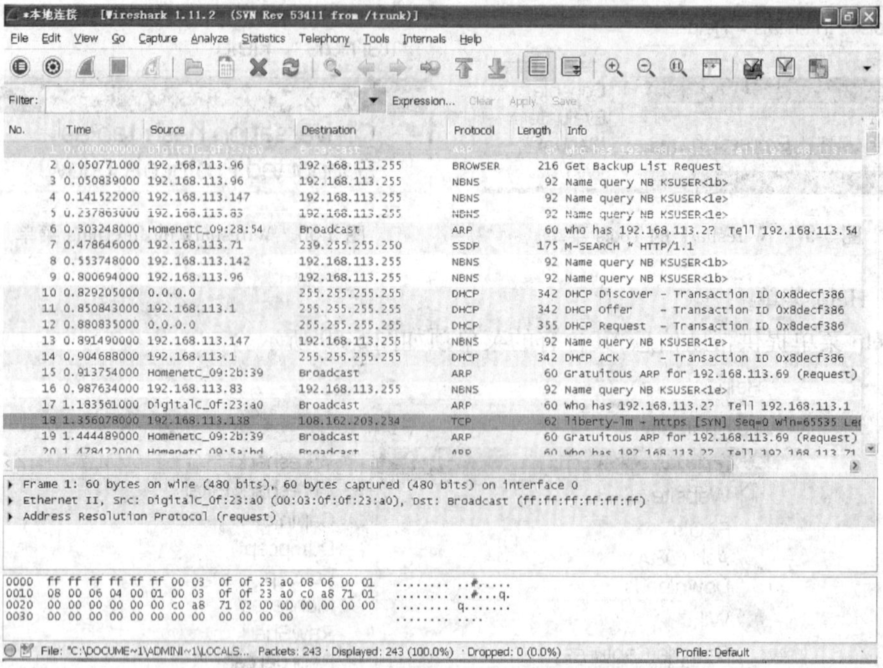

图 5-60 Wireshark 的捕获窗口

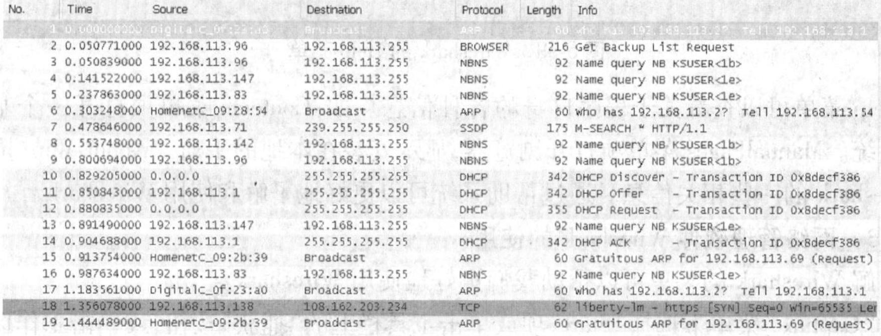

图 5-61 Packet list(包列表)面板

- Destination(目的地址):显示包的目标地址。
- Protocol(协议):显示包的协议类型的简写。
- Info(信息):显示包内容的附加信息。
- Length(长度):以字节为单位。

Packet list(包列表)面板的下方为 Packet Details(包详情)面板,如图 5-62 所示。Packet Details(包详情)面板显示在包列表面板中被选中的包的详细信息。

该面板显示包列表面板选中包的协议及协议字段,协议以及字段以树状方式组织。

Packet Byte(包字节)面板以十六进制转储形式显示当前选择包的数据,如图 5-63 所示。

通常在十六进制转储形式中,左侧显示包数据偏移量,中间栏以十六进制表示,右侧显示对应的 ASCII 字符。

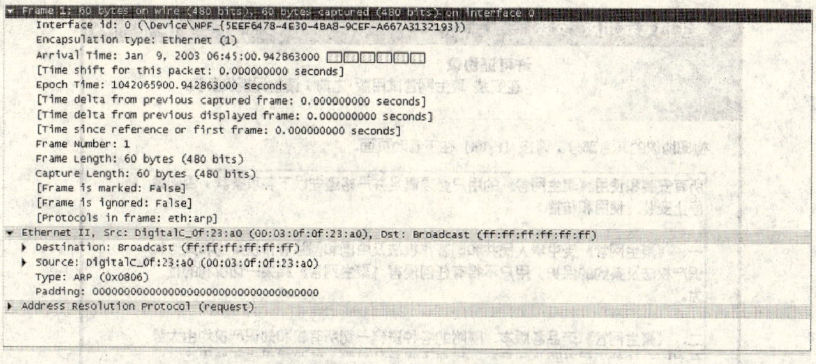

图 5-62 Packet Details(包详情)面板

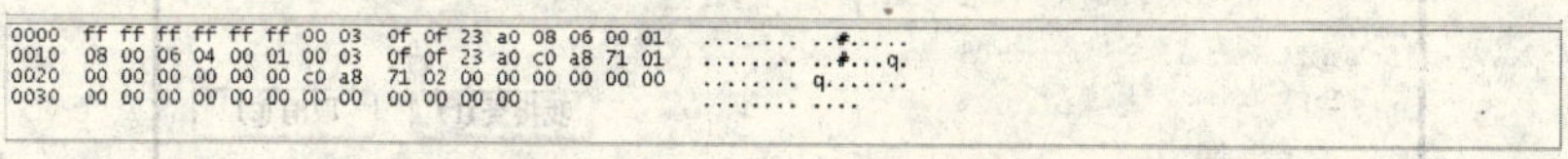

图 5-63 Packet Byte(包字节)面板

从“File”菜单中选择“Save”项可以将捕获的结果保存起来,默认的保存格式为.pcapng。也可以选择“Save As”项将捕获结果保存成其他格式。Wireshark 支持的保存文件格式包括:

- libpcap, tcpdump and various other tools using tcpdump's capture format (*.pcap, *.cap, *.dmp);
- Accellent 5Views (*.5vw);
- HP-UX's nettl (*.TRC0, *.TRC1);
- Microsoft Network Monitor - NetMon (*.cap);
- Network Associates Sniffer - DOS (*.cap, *.enc, *.trc, *.fdc, *.syc);
- Network Associates Sniffer - Windows (*.cap);
- Network Instruments Observer version 9 (*.bfr);
- Novell LANalyzer (*.tr1);
- Sun snoop (*.snoop, *.cap);
- Visual Networks Visual UpTime traffic (*.*)。

我们可以根据捕获的结果对网络的运行情况进行分析。

5.2.3 聚生网络管理软件的安装和使用

5.2.3.1 聚生网络管理软件(试用版)的安装

聚生网络管理软件(简称聚生网管)是使用较多的一款国产网络管理软件,可以限制局域网 P2P 下载、限制局域网网络游戏、控制办公室 QQ 聊天、控制网络流量。此次安装的为聚生网管软件的试用版,安装文件很小,只有 7.58MB,支持 Windows 8、Windows 7、Windows Vista、Windows XP 系统。

从网上下载了聚生网管(试用版)之后,双击安装程序,进入安装界面,如图 5-64 所示。

认可许可证协议,单击“我接受”按钮,进入安装向导的下一步,选定安装位置,如

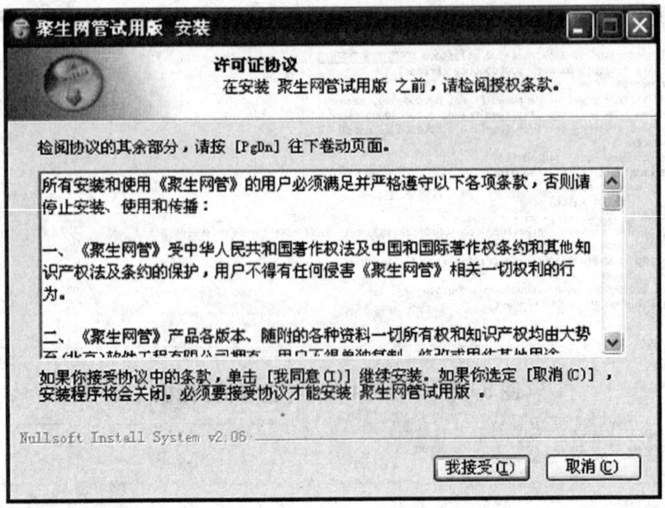

图 5-64 聚生网管(试用版)的安装向导(一)

图 5-65 所示。

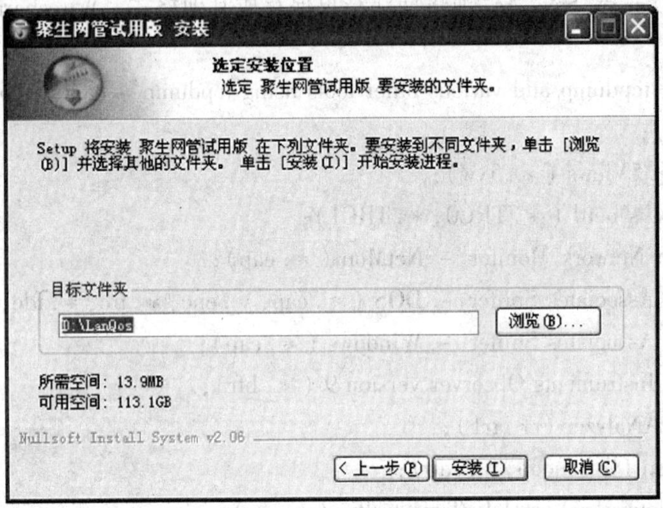

图 5-65 聚生网管(试用版)的安装向导(二)

选择好路径后，单击“安装”按钮，正式开始安装。安装完成后会显示如图 5-66 所示的窗口。单击“关闭”按钮完成安装。

5.2.3.2 聚生网管(试用版)的使用

安装完成后，开始学习聚生网管的使用。

从“开始”菜单中选择“程序”子菜单，从“程序”子菜单中找到“聚生网管”项，打开应用程序，首先进入监控网段配置界面，如图 5-67 所示。在开始网络监控前，需要配置监控网段，监控网段是由人工完成配置的。

在没有任何监控网段时，我们可以选择“新建监控网段”。建立新监控网段的第一步需要输入新网段名称，如图 5-68 所示。

在默认情况下，系统会自动产生一个网段名，同时会提示“请尽量使用默认网段名称

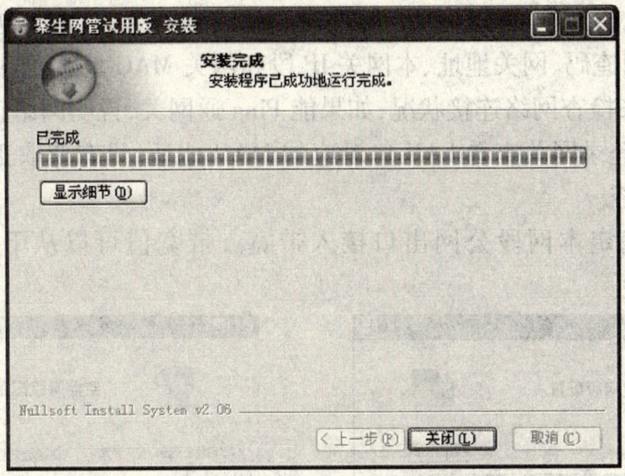

图5-66 聚生网管(试用版)的安装向导(三)

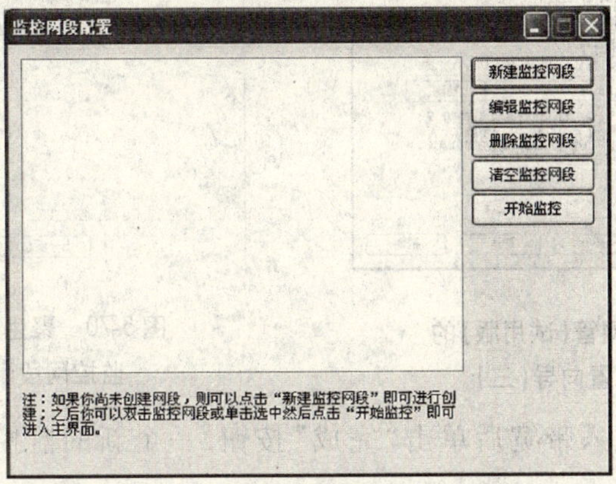

图5-67 聚生网管(试用版)的监控网段配置向导(一)

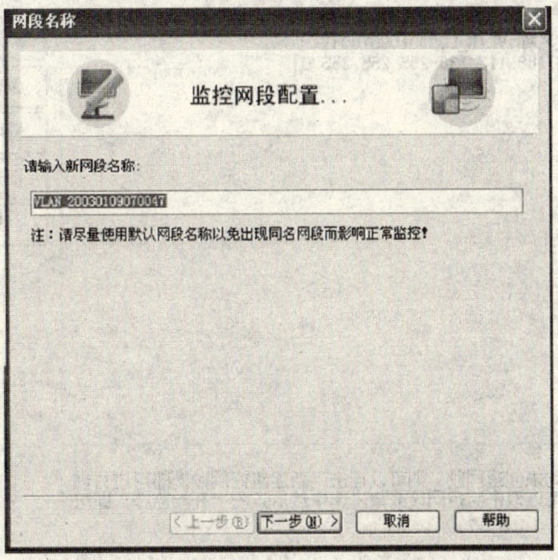

图5-68 聚生网管(试用版)的监控网段配置向导(二)

以免出现同名网段而影响正常监控”。所以，我们可以采用系统分配的网段名称。

确定网段名称后,需要为网段选择相应的网卡。

如果选择本机的网卡,可以滚动鼠标滚轴自动获取网卡的信息,包括本机 IP 地址、本机 MAC 地址、子网掩码、网关地址、本网关 IP 段和网关 MAC 地址,如图 5-69 所示。可以单击"检测"按钮来检查网络连接状况,如果能 Ping 通网关,说明网络正常,可以进行下一步操作;否则需要登录网关查看 LAN 口对应的 MAC 地址,只有获取正确的网关 MAC 地址,才可以进行监控。

接下来需要确定本网段公网出口接入带宽。带宽值可以从下拉列表中选择,如图 5-70 所示。

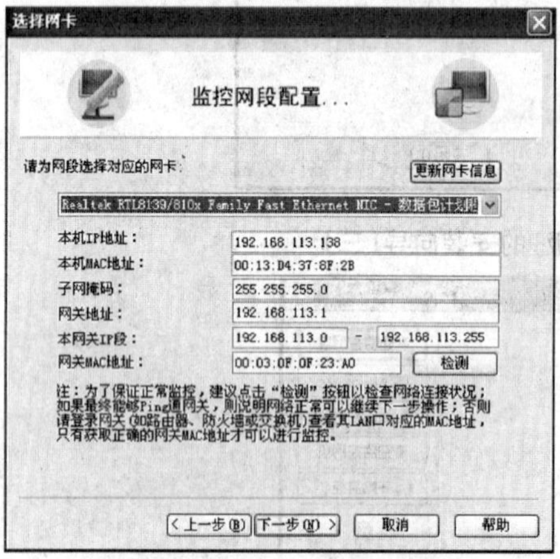

图 5-69　聚生网管(试用版)的监控网段配置向导(三)

图 5-70　聚生网管(试用版)的监控网段配置向导(四)

选择公网出口接入带宽后单击"完成"按钮,一个新的监控网段就设置好了,如图 5-71 所示。

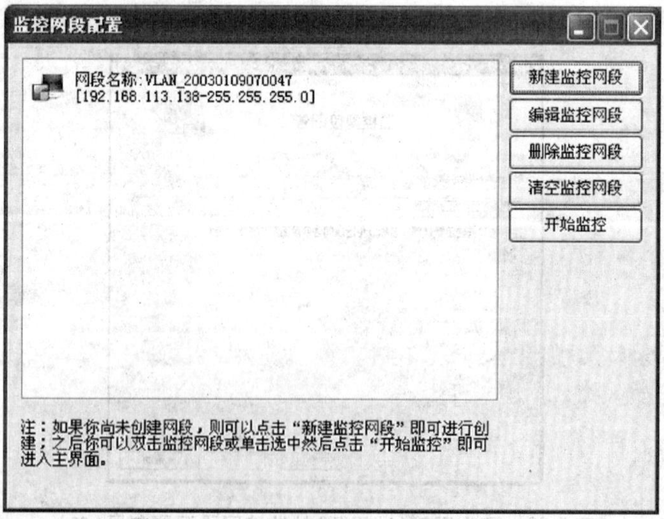

图 5-71　聚生网管(试用版)的监控网段配置向导(五)

如果要对网段重新进行修改,可以选中网段,单击"编辑监控网段"按钮;如果要删除监控网段,则需要选中网段,再单击"删除监控网段"按钮。单击"清空监控网段"按钮,可以将监控网段清空。

5.2.3.3 聚生网管(试用版)的窗口

选中网段后单击“开始监控”按钮。则正式对选择的网段进行监控。此时会打开聚生网管(试用版)的窗口,如图 5-72 所示。

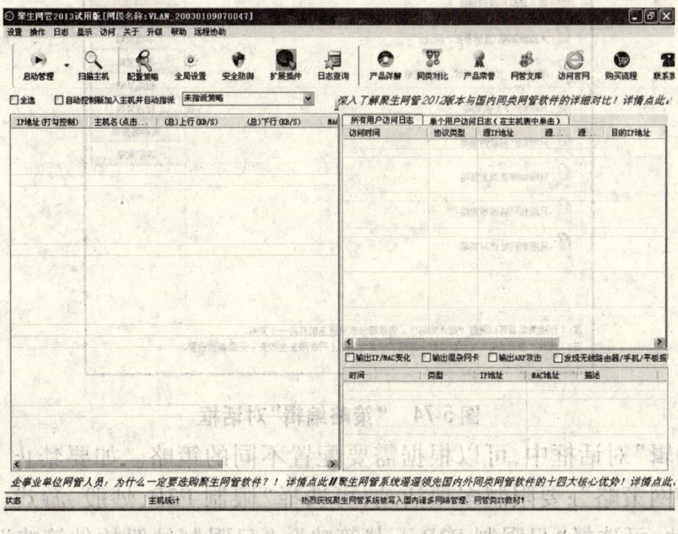

图 5-72 聚生网管(试用版)的窗口

监控窗口和普通窗口一样,由标题栏、菜单栏、工具栏、监控区域和状态栏等组成。

菜单栏包括“设置”、“操作”、“日志”、“显示”、“访问”、“关于”、“升级”、“帮助”和“远程协助”9 个菜单。

- “设置”菜单

“设置”菜单包括“控制策略”、“安全管理”、“切换网段”和“运行设置”4 个菜单项,如图 5-73 所示。

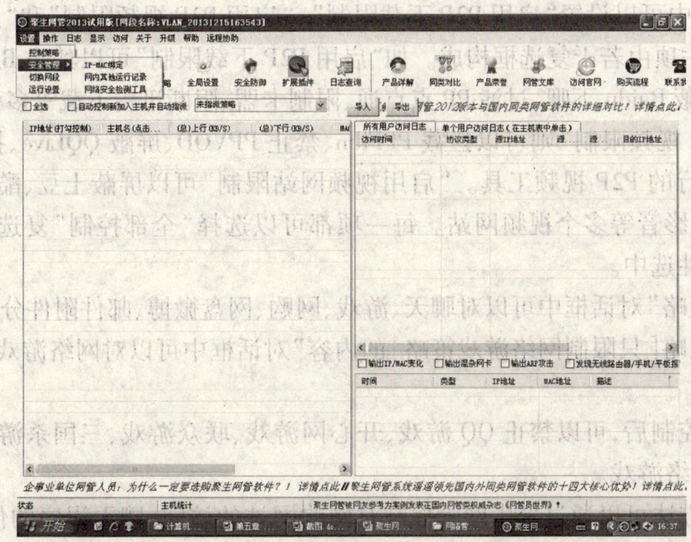

图 5-73 聚生网管(试用版)的“设置”菜单

选择“控制策略”菜单项可以打开“策略编辑”对话框,如图 5-74 所示。

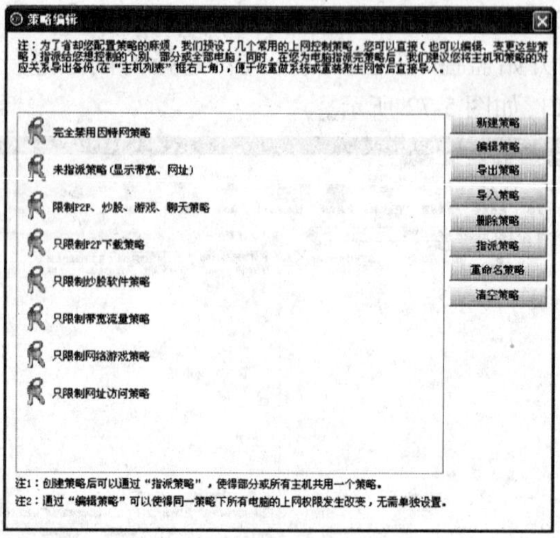

图 5-74 “策略编辑”对话框

在“策略编辑”对话框中,可以根据需要配置不同的策略。如要禁止上网,可以选择“完全禁用因特网策略”;要限制多项活动,可选择“限制 P2P、炒股、游戏、聊天策略”;要只限制单项活动,可选择“只限制 P2P 下载策略”、“只限制炒股软件策略”、“只限制网络游戏策略”或“只限制网址访问策略”等;如果要限制网络流量,可以选择“只限制带宽流量策略”。

除以上几个选项外,还可以选择“新建策略”或“导入策略”来添加新的策略。选择一个策略后,单击“编辑策略”,则可以对该策略进行详细的设置。

如选择“只限制 P2P 下载策略”后单击“编辑策略”按钮,打开“编辑策略[只限制 P2P 下载策略]的内容”对话框,如图 5-75 所示。

在对话框中可以设置“启用 P2P 下载限制”、“启用 P2P 视频限制”和“启用视频网站限制”3 项,每一项由若干复选框构成。如“启用 P2P 下载限制”可以禁止 BitComet(BT)、限制 eMule、屏蔽 Baidu 下吧、过滤 PP 点点通、限制卡盟、阻断迅雷下载等多种 P2P 下载工具。“启用 P2P 视频限制”则可以拦截 PPFilm、禁止 PPVOD、屏蔽 QQLive、控制沸点网络电视等多种流行的 P2P 视频工具。“启用视频网站限制”可以屏蔽土豆、酷狗、QQ 电视、百度视频、搜狐影音等多个视频网站。每一项都可以选择“全部控制”复选框,将所列出的复选项一次性选中。

在“编辑策略”对话框中可以对聊天、游戏、网购、网盘微博、邮件附件分别进行限制。

在“编辑策略[只限制网络游戏策略]的内容”对话框中可以对网络游戏进行限制,如图 5-76 所示。

启用游戏控制后,可以禁止 QQ 游戏、开心网游戏、联众游戏、三国杀游戏、魔兽游戏等 44 种流行网络游戏。

用同样的方法可以通过聚生网管控制对网购网站的访问、聊天程序的使用和网盘微博的使用。

通过该软件还可以对网络流量进行限制,如图 5-77 所示。

图 5-75　“编辑策略[只限制 P2P 下载策略]的内容”对话框

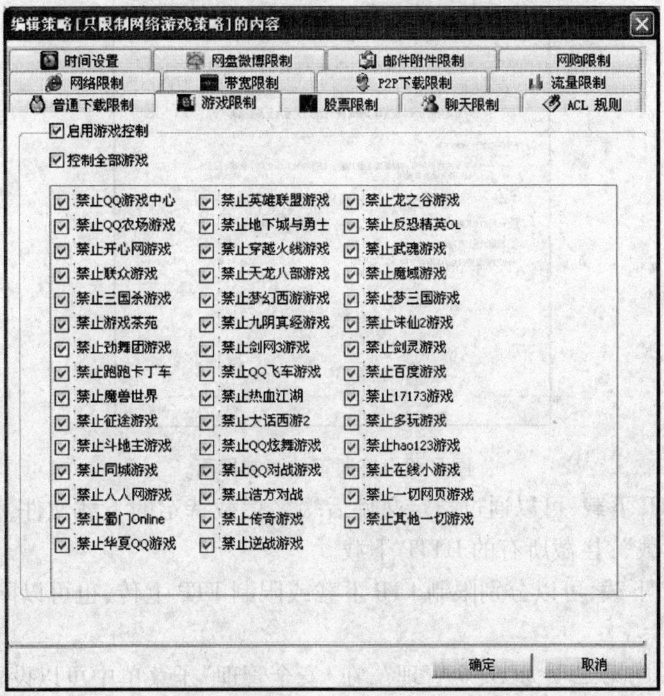

图 5-76　游戏限制界面

启用主机公网流量限制后，可以选择设定每日总流量限制或选择分别设置每日上传流量限制和每日下载流量限制。

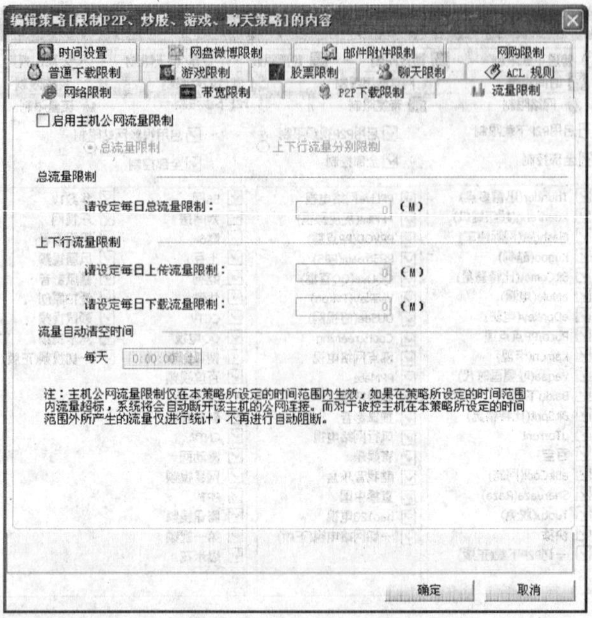

图 5-77　流量限制界面

通过"普通下载限制"策略可以对 HTTP 下载和 FTP 下载进行控制，如图 5-78 所示。

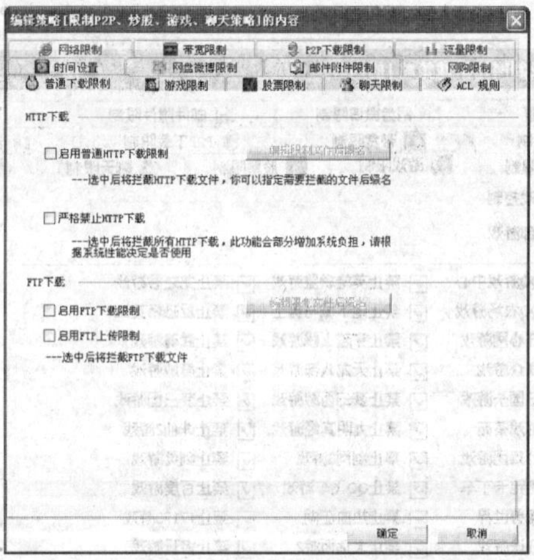

图 5-78　普通下载限制界面

要限制 HTTP 下载，可以通过指定文件后缀名拦截特定的下载文件，也可以选择"严格禁止 HTTP 下载"，拦截所有的 HTTP 下载。

要限制 FTP 下载，可以分别限制 FTP 下载或限制 FTP 上传，也可以同时限制 FTP 下载或 FTP 上传。

"设置"菜单的第二项为"安全管理"，在"安全管理"子菜单中可以设置"IP - MAC 绑定"、"网内其他运行记录"或"网络安全检测工具"。IP - MAC 绑定功能包括绑定局域网电脑 IP 和 MAC 地址功能，限制局域网电脑修改 IP 地址、防止 IP 地址冲突功能。IP 和 MAC 地址捆绑之后，当更改 IP 地址时软件会发送警告信息，告知默认 IP 地址，同时阻断上网，只有再次修改回默认 IP 地址后，方可允许上网。网管人员可以自行编辑警告信息。

“网内其他运行记录”子菜单项可以查看局域网本软件运行记录。“网络安全检测工具”可以检测局域网混杂模式节点、局域网攻击、局域网 ARP 病毒、局域网 ARP 攻击。如果启用局域网 ARP 攻击防御功能，则可以自动向局域网发送 ARP 攻击免疫信息，检测到 ARP 攻击时自动加大免疫力度，或检测到 ARP 攻击时记录危险主机，如图 5-79 所示。

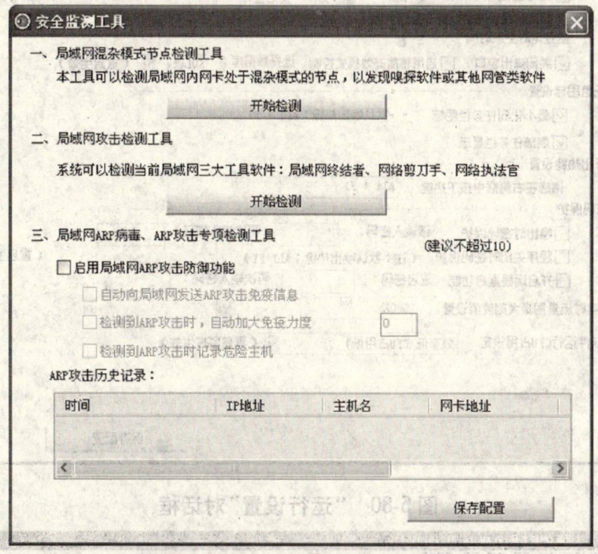

图 5-79　“安全检测工具”对话框

“设置”菜单的第三项为“切换网段”，如果设定了多个监控网段，则可以使用该菜单项在不同的监控网段间切换。

“设置”菜单的最后一项为“运行设置”，如果选择“运行设置”，则可以打开“运行设置”对话框，在“运行设置”对话框中可以进行“系统设置”和“优先级设置”，如图 5-80 所示。

选择相应的选项后单击“保存配置”按钮，则可以将所做的选择保存下来。

- “操作”菜单

“操作”菜单包含“启动管理”、“停止管理”、“监控模式”和“退出”菜单项，如图 5-81 所示。

“监控模式”为单选项，可以在“主动引导模式”、“虚拟网关模式”、“网关模式”、“网桥模式”、“旁路模式”、“监听模式”和“保护模式”7 种模式之间切换。选择相应模式后，选择“启动管理”，则该程序正式开始监控。如果要停止监控，只要从“操作”菜单下选择“停止管理”即可。

- “日志”菜单

“日志”菜单下只有一个菜单项，即“日志查询”，用来查询系统日志信息。

- “显示”菜单

“显示”菜单下有两个复选项，即“工具栏”和“状态栏”，如图 5-82 所示。可以通过选择将工具栏和状态栏显示或隐藏。

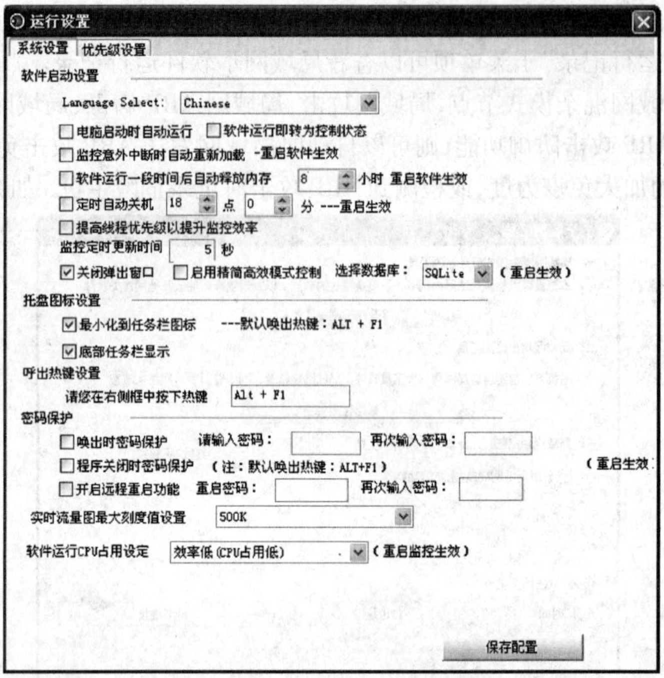

图 5-80　“运行设置”对话框

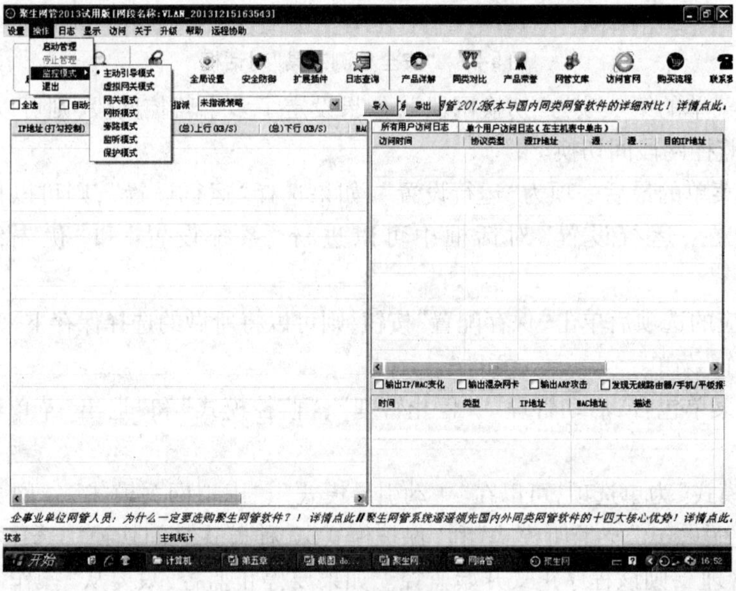

图 5-81　“操作”菜单

- 其他菜单

其他菜单包括“访问”菜单、“关于”菜单、“升级”菜单、“帮助”菜单和“远程协助”菜单。这些菜单可以帮助用户了解该软件，或对用户使用该软件提供帮助。

图 5-82　“显示”菜单

5.2.3.4 聚生网管(试用版)的使用

(1)打开应用程序,建立监控网段。如有多个监控网段,则从中选择一个监控网段。

(2)选择适合的监控模式。

(3)从"操作"菜单中选择"启动管理"菜单项或单击工具栏上的"启动监控"按钮,开始监控。此时,"启动监控"按钮会变成"停止监控"按钮。监控窗口如图5-83所示。

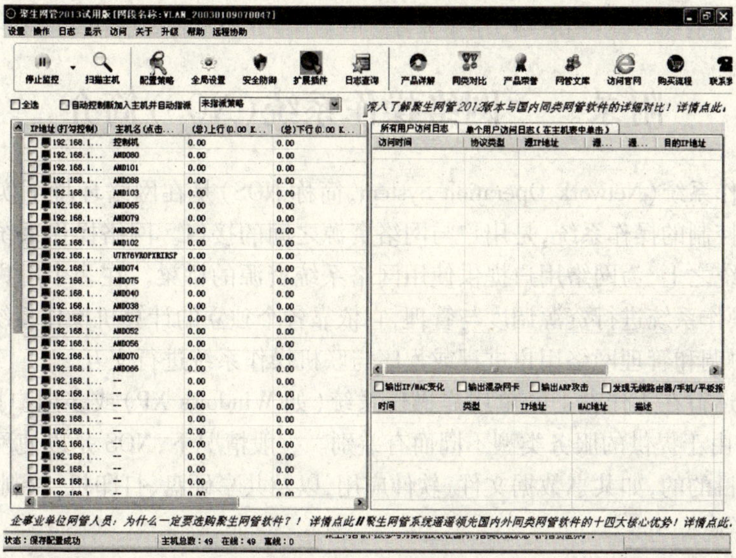

图5-83 监控窗口

(4)如需停止监控,则选择"操作菜单"中的"停止管理"或单击工具栏上的"停止监控"按钮结束监控。

(5)对监控到的结果进行分析。

(6)根据需要,可以对一个或多个IP地址建立策略。如限制某些主机的游戏、网购、观看视频等行为。

(7)设置策略后,重新进行监控,观测监控的结果。

5.2.4 实训过程与实训报告

(1)下载网络管理软件Wireshark并进行安装。

(2)熟悉Wireshark的菜单项和各菜单项的功能。

(3)使用Wireshark进行网络管理,观察并分析捕获的结果。

(4)下载聚生网络管理软件(试用版)并安装。

(5)打开聚生网络管理软件(试用版),配置监控网段。

(6)选择监控网段进行监控,观察监控的结果。

(7)尝试进行策略配置。

(8)更改监控网段,重新进行监控和策略配置,观察监控的结果。

(9)写出实训报告(格式见附录三),将相关文档附在后面。

附 录

附录一 网络操作系统(NOS)简介

网络操作系统(Network Operation System,简称 NOS)是在网络环境下实现对网络资源的管理和控制的操作系统,是用户与网络资源之间的接口。网络操作系统是建立在独立的操作系统之上,为网络用户提供使用网络系统资源的桥梁。在多个用户争用系统资源时,网络操作系统进行资源调度与管理,它依靠各个独立的计算机操作系统对所属资源进行管理,协调和管理网络用户进程或程序与联机操作系统进行交互。

NOS 与运行在工作站上的单用户操作系统(如 Windows XP)或多用户操作系统(如 Unix、Linux)由于提供的服务类型不同而有差别。一般情况下,NOS 是以使网络相关特性达到最佳为目的的,如共享数据文件、软件应用,以及共享硬盘、打印机、调制解调器、扫描仪和传真机等。

1. 网络操作系统的功能

网络操作系统除具备单机操作系统所需的功能,如内存管理、CPU 管理、输入输出管理、文件管理等外,还具有下列功能:

(1)提供高效可靠的网络通信能力;

(2)提供多项网络服务功能,如远程管理、文件传输、电子邮件、远程打印等。

2. 网络操作系统的特征

作为网络用户和计算机网络之间的接口,一个典型的网络操作系统一般具有以下特征:

(1)硬件独立。

NOS 独立于具体的硬件平台,支持多平台,即系统应该可以运行于各种硬件平台之上。例如,可以运行于基于 X86 的 Intel 系统,还可以运行于基于 RISC 精简指令集的系统,诸如 DECAlpha、MIPSR4000 等。用户进行系统迁移时,可以直接将基于 Intel 系统的机器平滑转移到 RISC 系列主机上,不必修改系统。

(2)网络特性。

NOS 能够管理计算机资源并提供良好的用户界面。它是运行于网络上的,首先需要能管理共享资源,比如 Novell 公司的 NetWare,最著名的就是它的文件服务和打印管理。

(3)可移植性和可集成性。

具有良好的可移植性和可集成性也是现在网络操作系统必须具备的特征。

(4)多用户、多任务。

在多进程系统中,为了避免两个进程并行处理所带来的问题,可以采用多线程的处理方式。线程相对于进程而言需要较少的系统开销,其管理比进程易于进行。抢先式多任务就是操作系统不专门等待某一线程的完成后再将系统控制交给其他线程,而是主动将系统控制交给首先申请得到系统资源的其他线程,这样就可以使系统具有更好的操作性能。支持 SMP(对称多处理)技术等都是对现代网络操作系统的基本要求。

3. 网络操作系统的分类

目前,可供选择的网络系统多种多样,涉及的因素也很多,而网络操作系统是建立网络的关键因素之一。下面就以最为流行的 Windows、NetWare、Unix、Linux 为例进行比较。

(1)Windows 系统。

微软公司的 Windows 系统不仅在个人操作系统中占有绝对优势,在网络操作系统中也占有重要地位,在整个局域网配置中是最常见的。但由于它对服务器的硬件要求较高,且稳定性不是很高,所以一般只用在中低档服务器中,高端服务器通常采用 Unix、Linux 或 Solairs 等非 Windows 操作系统。在局域网中,微软的 Windows 网络操作系统主要有 Windows NT 4.0 Server、Windows 2000 Server/Advance Server,以及 Windows 2003 Server/Advance Server 等,工作站系统可以采用任一 Windows 或非 Windows 操作系统,包括个人操作系统,如 Windows XP/Windows 7 等。

Windows 网络操作系统中最为成功的是 Windows NT 4.0 系统,它几乎成为中、小型企业局域网的标准操作系统。首先,它继承了 Windows 家族统一的界面,使用户学习、使用起来更加容易。其次,它的功能也的确比较强大,基本上能满足所有中、小型企业的各项网络要求。虽然相比 Windows 2000/2003 Server 系统来说在功能上要逊色许多,但它对服务器的硬件配置要求低许多,可以在更大程度上满足许多中、小型企业的 PC 服务器配置需求。

(2)NetWare 系统。

NetWare 系统在局域网中早已失去了当年雄霸一方的气势。NetWare 系统对网络硬件的要求较低(工作站只要是 286 就可以了),在无盘工作站组建方面具有优势,而且它兼容 DOS 命令,其应用环境与 DOS 相似,具有相当丰富的应用软件支持,技术完善、可靠。常用的版本有 3.11、3.12 和 4.10、V4.11、V5.0 等中英文版本。NetWare 服务器对无盘工作站和游戏的支持较好,在 20 世纪 90 年代常用于教学网和游戏厅。目前这种操作系统的市场占有率很低,这部分市场主要被 Windows Server 200X 和 Linux 系统瓜分了。

(3)Unix 系统。

常用的 Unix 系统版本主要有 UnixSUR4.0、HP - UX11.0、SUN 的 Solaris8.0 等,支持网络文件系统服务、提供数据等应用,功能强大,由 AT&T 和 SCO 公司推出。这种网络操作系统稳定性和安全性非常好,但由于它多数是以命令方式来进行操作的,不容易掌握,特别是初级用户较难掌握。正因为如此,小型局域网基本不使用 Unix 作为网络操作系统,Unix 一般用于大型的网站或大型的企事业局域网。Unix 网络操作系统历史悠久,其良好的网络管理功能已为广大网络用户所接受,拥有丰富的应用软件的支持。目前 Unix 网络操作系统的版本有 AT&T 和 SCO 的 UNIXSVR3.2、SVR4.0 和 SVR4.2 等。Unix 最初是针对小型机主机环境开发的操作系统,是一种集中式分时多用户体系结构。因其体系结构不够合理,Unix 的市场占有率呈下降趋势。

(4)Linux 系统。

Linux 是一种新型的源代码开放的网络操作系统,其最大的特点就是可以免费得到许多应用程序。目前中文版的 Linux 有 Redhat(红帽子)、Linux(红旗)等,在国内得到了用户充分的肯定。其优点主要体现在安全性和稳定性方面,它与 Unix 有许多类似之处。但这类操作系统目前仍主要应用于中、高档服务器中。

综上所述,每一个操作系统都有适合于自己的工作场合,这就是系统对特定计算环境的支持。例如,Windows XP 适用于桌面计算机,Linux 目前较适用于小型的网络,而 Windows Sever 2003 和 Unix 则适用于大型服务器应用程序。因此,对于不同的网络应用,需要我们有目的地选择合适的网络操作系统。

附录二 网络管理的相关知识

1. 概述

网络管理(Network Management)是指监测、控制和记录电信网络资源的性能和使用情况,以使网络有效运行,为用户提供一定质量水平的电信业务。

网络管理包括对硬件、软件和人力的使用、综合与协调,以便对网络资源进行监视、测试、配置、分析、评价和控制,这样就能以合理的价格满足网络的一些需求,如实时运行性能、服务质量等。网络管理常简称为网管。

通常,网络管理员通过网络管理程序对网络上的资源进行集中化管理的操作,包括配置管理、性能和记账管理、问题管理、操作管理和变化管理等。常见的网络管理方式有以下几种:

(1)SNMP 管理技术。

SNMP(Simple Network Management Protocol)的中文意思是“简单网络管理协议”。SNMP 首先是由 Internet 工程任务组织(Internet Engineering Task Force,简称 IETF)的研究小组为了解决 Internet 上的路由器管理问题而提出的。

SNMP 是目前最常用的环境管理协议。SNMP 被设计成与协议无关,所以它可以在 IP、IPX、AppleTalk、OSI 以及其他用到的传输协议上被使用。SNMP 是一系列协议组和规范,它提供了一种从网络上的设备中收集网络管理信息的方法。SNMP 也为设备向网络管理工作站报告问题和错误提供了一种方法。

几乎所有的网络设备生产厂家都实现了对 SNMP 的支持。领导潮流的 SNMP 是一个从网络上的设备收集管理信息的公用通信协议。设备的管理者收集这些信息并将其记录在管理信息库(MIB)中。这些信息报告设备的特性、数据吞吐量、通信超载和错误等。

(2)RMON 管理技术。

RMON(Remote Network Monitoring),即远程网络监视,主要实现了统计和告警功能,用于网络中管理设备对被管理设备的远程监控和管理。统计功能指的是被管理设备可以按周期或者持续跟踪统计其端口所连接的网段上的各种流量信息,比如某段时间内某网段上收到的报文总数,或收到的超长报文的总数等。告警功能指的是被管理设备能监控指定 MIB 变量的值,当该值达到告警阈值时(比如端口速率达到指定值,或者广播报文的比例达到指定值),能自动记录日志、向管理设备发送 Trap 消息。RMON 和 SNMP 都用于远程网络管理。

(3)WBM 管理技术。

WBM(Web - Based Management)是基于 Web 的网络管理模式,融合了 Web 技术、Java 技术和网络管理技术。WBM 允许网络管理人员使用任何一种 Web 浏览器,在网络任何节点上方便迅速地配置、控制及存取网络的各个部分。WBM 是网管方案的一次革命,将使网络用户管理网络的方式得以改善。

2. 网络管理的功能

根据国际标准化组织定义,网络管理有五大功能:故障管理、计费管理、配置管理、性能管理、安全管理。

根据网络管理软件产品功能的不同,可细分为5类,即网络故障管理软件、网络计费管理软件、网络配置管理软件、网络性能管理软件、网络服务/安全管理软件。

(1)故障管理(Fault Management)。

故障管理是网络管理中最基本的功能之一。用户都希望有一个可靠的计算机网络。当网络中某个组成失效时,网络管理器必须迅速查找到故障并及时排除。

(2)计费管理(Accounting Management)。

计费管理记录网络资源的使用,目的是控制和监测网络操作的费用和代价。它对一些公共商业网络尤为重要。它可以估算出用户使用网络资源可能需要的费用和代价,以及已经使用的资源。

(3)配置管理(Configuration Management)。

配置管理初始化网络并配置网络,以使其提供网络服务。配置管理是一组对辨别、定义、控制和监视组成一个通信网络的对象所必要的相关功能,目的是实现某个特定功能或使网络性能达到最优。

(4)性能管理(Performance Management)。

性能管理估价系统资源的运行状况及通信效率等系统性能。其能力包括监视和分析被管网络及其所提供服务的性能机制。性能分析的结果可能会触发某个诊断测试过程或重新配置网络以维持网络的性能。性能管理收集、分析有关被管网络当前状况的数据信息,并维持和分析性能日志。

(5)安全管理(Security Management)。

安全性一直是网络的薄弱环节之一,网络安全管理非常重要。网络中主要有以下几大安全问题:

①网络数据的私有性(保护网络数据不被侵入者非法获取);

②授权(Authentication)(防止侵入者在网络上发送错误信息);

③访问控制(控制对网络资源的访问)。

相应地,网络安全管理应包括对授权机制、访问控制、加密算法和加密密钥的管理,以及维护和检查安全日志。

3. 局域网络管理

传统的局域网络中包括的主要管理对象有服务器、客户机、客户端PC机、各种网络线路与网络设备以及各种网络操作系统。

局域网络管理一般包括三个方面:熟悉网络构成、网络运行以及网络维护。

(1)熟悉网络构成。

管理局域网,就必须对局域网的组成有清楚的了解。对网络的清晰了解以及对各种网络信息的资料化管理记录,是保证网络正常运转以及进行各种网络维护的前提与基础。

①识别网络对象的硬件情况。

局域网是由各种节点组成的,这样的节点主要是服务器和客户机,因此首先需要识别这些节点的硬件组成。硬件识别包括了解服务器和客户机的品牌、它们的芯片速率、网卡品牌与配置情况,以及各类网络设备的型号与品牌。另外,对服务器的硬件还必须有进一步的了解,包括服务器的外设配置情况、硬盘驱动器的容量以及内存大小等。

②熟悉局域网的拓扑结构。

明确网络中的关键部件之后,需要进一步掌握它们是如何连接运行的,即网络结构下的实际布线系统,应注意其可能导致的性能与故障差异。然后,需要了解的是实现网络传输的方式。

③确定网络的接入方式。

首先需要确定网络连接的设备和接入网络的方式。这些设备与接入方式包括:使用调制解调器(Modem),使用网络插座,使用 CSU/DSU 连接,使用网桥工作,使用路由器,使用网关。这些接入设备对于保证网络节点的连通以及该局域网与主干网连通有着重要作用,同时也是网络故障多发的故障点和影响网络性能的可能瓶颈所在。另外,还需要在网络服务器或其他网络设备上确定该局域网的所有子网和各客户机都能连通,并记录下网络中各子网以及客户机的 IP 地址分配。

④确定用户负载和定位。

网络负载最重要的方面是用户的分布,网络和服务器上的用户数量是影响网络性能的关键因素。因此,确定网络上有多少用户以及各自的定位尤其重要。首先,查看文件服务器上的负载,了解文件服务器正常运行的时间,查看服务器 CPU 的使用率,以及服务器上网络连接的数目,这些数据提供了网络负载的直接数据;然后,利用这些数据分析众多服务器中哪个使用率最高,哪些网络的负担最重,最后对网络用户以及负载分布情况有一个大致的了解。

(2)网络运行。

要使一个局域网顺利运转,必须完成很多工作,这些工作包括:首先,配置网络,即选择网络操作系统,选择网络连接协议,并根据选择的网络协议配置客户机的网络软件;然后,配置网络服务器及网络的外围设备,做好网络意外预防处理;最后,还有网络安全管理、网络用户权限分配以及病毒的预防与处理。

①配置网络。

配置网络就是选择网络操作系统。传统的网络操作系统包括 Unix、Windows Server、NetWare、Linux 等,这些网络操作系统有各自的特点。

选择网络协议也是配置网络的重要组成部分。现在流行的局域网网络协议包括 IPX/SPX、TCP/IP、NETBIOS、NetBEUI 等。比较普遍的协议是 TCP/IP,TCP/IP 是面向 Internet 所使用的网络协议,具有广泛的影响力。

在确定了网络操作系统和网络协议之后,需要配置该网络中每台客户机的网络软件。

②配置网络服务器等。

在局域网中,服务器往往具有重要作用,一个配置良好的服务器可以保障网络的顺利运行。还有一些外围设备,比如共享打印机、共享外接磁盘或驱动器等,这些设备在服务器上都应正确配置。

预防网络意外发生,首先要保证电源(特别是网络服务器的电源),一般的方式是配置 UPS 应急电源;然后要保证服务器的环境状况(比如维持机房的温度与湿度在一定的范围);最后要做好重要数据和系统的备份工作。备份的硬件设备包括硬盘阵列和磁带、光盘驱动器等。备份的方法很多,常用的是磁盘镜像、磁盘双工或磁盘阵列等。在进行备份时一定要做好详细记录,对备份内容进行分类并做标记。

③网络安全控制。

网络安全控制的首要任务是管理用户注册和访问权限。在局域网上,网络操作系统一般都提供用户管理和权限分配的工具。对于局域网内部用户,利用这些工具可以检查和设置用户信息,进行账号限制,例如改变账号密码、设置组、确定组中的账号、修改组或账号的权限、设定账号有效时间等。定时对网络当前访问情况进行检查并做好记录,及时发现异常情况。另外,管理局域网外部权限和连接也很重要。一般局域网外部用户可能会访问该局域网,如查看已有文件、传递他们的文件或使用其他网络资源,因此对这种用户也需要建立账号,但应根据其使用网络的目的详细控制其访问权限,然后定期检查哪些用户没有注册,对一些不再需要的账号及时注销。

(3)网络维护。

网络维护是保障网络正常运行的重要方面,主要包括故障检测与排除、网络检查及网络升级。

①故障检测与排除。

在局域网中,最重要的故障检测工作是文件服务器的维护。只要服务器正常工作,集中存储的数据就是安全的,用户可以在需要时访问这些数据。当然,网络连接设备应保证用户能持续工作,而客户机本身也应能正常工作。

故障处理过程有四个主要部分:发现故障迹象,追踪故障的根源,排除故障,记录故障的解决方法。

②网络检查。

网络检查是在网络正常运转情况下对服务器状态和网络运行情况的动态信息收集和分析的过程。有些数据最好每天检查一次,而有些数据较长时间检查一次即可。

③网络升级。

网络升级是一个持续的过程,它需要考虑一些财务和预算因素。一般在网络管理中需要考虑的是必须进行的升级,这些升级能够保证网络正常运转。

服务器升级是最重要的。必需的服务器升级有 3 种:第一种是最简单的升级,即用户许可证升级,如果网络服务器的能力已达到最大限度,并需要容纳更多的用户,就需要进行许可证升级;第二种服务器升级是网络操作系统的升级,如果使用的是过时的或有故障的网络操作系统,就应该升级为最新的版本;第三种服务器升级所指的范围相对来说要广泛一些,主要指硬件升级,硬件升级可能包括增加磁盘空间、改进容错措施或系统升级。另外,客户软件的升级有时也是很必要的,因为旧客户软件对于网络操作系统可能是一种沉重的负担。

在确定了最重要的升级之后,应决定需要购买的产品,并对升级费用进行评估,然后制定实施升级的工作步骤,最后应从成本和效益两方面总结新配置的优点。

附录三 实训报告样表

<table>
<tr><td colspan="2">实训名称</td><td colspan="8"></td></tr>
<tr><td colspan="2">姓名</td><td></td><td>学号</td><td></td><td>班级</td><td></td><td>分组号</td><td colspan="2"></td></tr>
<tr><td colspan="2">实训项目名称</td><td colspan="3"></td><td colspan="2">实训项目编号</td><td colspan="3"></td></tr>
<tr><td rowspan="2">实训过程</td><td colspan="9">实训目的、实训环境与实训步骤</td></tr>
<tr><td colspan="9">1. 实训目的
2. 实训环境(设备)
3. 实训步骤(内容)</td></tr>
<tr><td>实训总结</td><td colspan="9">1. 实训解决的问题及其处理方法
2. 实训成果</td></tr>
<tr><td rowspan="2">实训成绩</td><td colspan="6" rowspan="2">实训评语:

指导教师: 日期:</td><td colspan="2">实训成绩</td><td></td></tr>
<tr><td colspan="2">实训学时</td><td></td></tr>
</table>

参考文献

[1] 胡衍庆. 计算机组网技术实训教程[M]. 北京:高等教育出版社,2008.
[2] 付建民. 计算机网络技术[M]. 合肥:合肥工业大学出版社,2005.
[3] 尚晓航. 计算机网络技术基础[M]. 北京:高等教育出版社,2008.
[4] 杨云. Windows Server 2003 网络操作系统[M]. 北京:人民邮电出版社,2009.
[5] 尹敬齐. 局域网组建与管理[M]. 2 版. 北京:机械工业出版社,2010.
[6] 仝春灵. 数据库原理与应用——SQL Server 2005[M]. 北京:中国水利水电出版社,2009.
[7] 黄存东. 数据库原理及应用(SQL Server 2005)[M]. 北京:中国水利水电出版社,2010.
[8] 徐伟. 计算机网络技术实训教程[M]. 杭州:浙江大学出版社,2008.